CW01511129

CBAC
UG Mathemateg

Canllaw Astudio ac Adolygu

Stephen Doyle

golygwyd gan Tony Holloway

CBAC UG Mathemateg Craidd 1 & 2 Canllaw Astudio ac Adolygu

Addasiad Cymraeg o *WJEC AS Mathematics Core 1 & 2 Study and Revision Guide* a gyhoeddwyd yn 2012 gan Illuminate Publishing Ltd, P.O. Box 1160, Cheltenham, Swydd Gaerloyw GL50 9RW

Ariennir yn Rhannol gan
Lywodraeth Cymru
Part Funded by
Welsh Government

Cyhoeddwyd dan nawdd Cynllun Adnoddau Addysgu a Dysgu CBAC

Archebion: Ewch i www.illuminatepublishing.com
neu anfonwch e-bost i sales@illuminatepublishing.com

Mae cofnod catalog ar gyfer y llyfr hwn ar gael gan y Llyfrgell Brydeinig

ISBN 9781908682277

Argraffwyd gan Lightning Source, Milton Keynes

Polisi'r cyhoeddwr yw defnyddio papurau sy'n gynhyrchion naturiol, adnewyddadwy ac ailgylchadwy o goed a dyfwyd mewn coedwigoedd cynaliadwy. Disgwylir i'r prosesau torri coed a gweithgynhyrchu gydymffurfio â rheoliadau amgylcheddol y wlad y mae'r cynnyrch yn tarddu ohoni.

Gwnaed pob ymdrech i gysylltu â deiliaid hawlfraint y deunydd a atgynhyrchwyd yn y llyfr hwn. Os cânt eu hysbysu, bydd y cyhoeddwyr yn falch o gywiro unrhyw wallau neu hepgoriadau ar y cyfle cyntaf.

Mae'r deunydd hwn wedi'i gymeradwyo gan CBAC ac mae'n cynnig cefnogaeth ar gyfer cymwysterau CBAC. Er bod y deunydd wedi bod trwy broses sicrhau ansawdd CBAC, mae'r cyhoeddwr yn dal yn llwyr gyfrifol am y cynnwys.

Dyluniad y clawr a'r testun: Nigel Harriss
Testun a'i osodiad: GreenGate Publishing, Tonbridge, Caint

Cynnwys

Sut i ddefnyddio'r llyfr hwn

Mae cynnwys y canllaw astudio ac adolygu hwn wedi'i gynllunio i'ch helpu i wneud eich gorau yng nghydrannau Mathemateg Bur arholiadau UG Mathemateg CBAC.

Gwybodaeth a Dealltwriaeth

Mae testunau'n dechrau gyda rhestr fer o'r deunydd mae'r testun yn ymdrin ag ef, a bydd pob testun yn rhoi'r wybodaeth greiddiol a'r sgiliau y bydd eu hangen arnoch chi i wneud yn dda yn eich arholiadau.

Os caiff unrhyw fformiwlâu eu defnyddio mewn testun, byddwn ni'n dweud wrthoch chi a oes angen i chi eu cofio nhw neu a ydyn nhw yn y llyfryn fformiwlâu.

Byddwn ni'n amlygu fformiwlâu a gaiff eu defnyddio ac yn eu cynnwys mewn crynodeb o'r testun ar ddiwedd pob uned.

Mae'r adran wybodaeth yn weddol fyr gan adael digon o le i egluro enghreifftiau yn fanwl. Byddwn ni'n dangos y theori, enghreifftiau a chwestiynau a fydd yn eich helpu i ddeall y meddwl sydd y tu ôl i'r camau. Byddwn ni hefyd yn rhoi cyngor manwl i chi pan fydd ei angen.

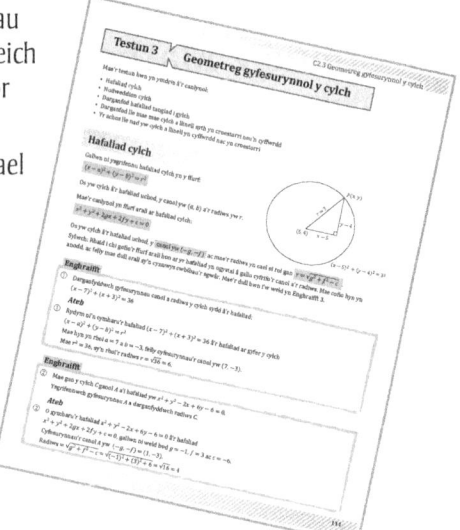

Nodwedd arall yw'r blychau 'Gwella gradd'. Awgrymiadau yw'r rhain ar gyfer cael eich gradd orau, fel arfer trwy osgoi camgymeriadau penodol sy'n gallu colli marciau i fyfyrwyr.

Arfer a Thechneg Arholiad

Gallu ateb cwestiynau arholiad sydd wrth wraidd y llyfr hwn. Mae hyn yn golygu ein bod wedi cynnwys cwestiynau trwy'r llyfr i gyd a fydd yn gwella eich sgiliau a'ch gwybodaeth nes i chi fod mewn sefyllfa i ateb cwestiynau arholiad llawn ar eich pen eich hun. Rydym ni wedi cynnwys enghreifftiau, gyda rhai ohonyn nhw'n seiliedig ar gwestiynau arholiad diweddar. Rydym ni wedi anodi'r rhain ag 'Awgrymiadau' a chyngor cyffredinol ynghylch y wybodaeth, y sgiliau a'r technegau sy'n angenrheidiol ar gyfer eu hateb. Mae adran gynhwysfawr 'C&A' ym mhob testun sy'n rhoi cwestiynau arholiad ynghyd â sylwadau fel y gallwch chi weld sut dylech chi ateb y cwestiwn.

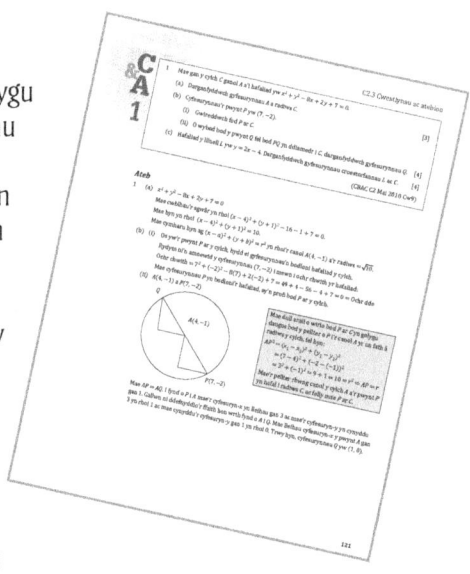

Mae adran 'Profi eich hun' lle rydych chi'n cael eich annog i ateb cwestiynau ar y testun ac yna cymharu eich atebion â'r rhai sydd i'w gweld yng nghefn y llyfr. Dylech, wrth gwrs, weithio trwy bapurau arholiad llawn fel rhan o'ch proses adolygu.

Rydym ni'n eich cynghori i edrych ar wefan CBAC www.cbac.co.uk lle gallwch chi lwytho deunyddiau i lawr, fel y fanyleb a chyn-bapurau, i'ch helpu gyda'ch astudiaethau. O'r wefan hon byddwch chi'n gallu llwytho i lawr y llyfryn fformiwlâu y byddwch chi'n ei ddefnyddio yn eich arholiadau. Hefyd fe welwch bapurau enghreifftiol a chynlluniau marcio ar y wefan.

Pob hwyl wrth adolygu.

Stephen Doyle   Tony Holloway

Uned C1 Mathemateg Bur 1

Mae Uned C1 yn ymdrin â Mathemateg Bur ac mae'n ceisio adeiladu ar y wybodaeth a gawsoch chi o'ch cwrs TGAU. Rhaid i chi fod â'r gallu i ddefnyddio damcaniaethau a thechnegau mathemategol fel datrys hafaliadau llinol a chwadratig syml, trawsddodi fformiwlâu, trin algebra, ac yn y blaen. Efallai y bydd angen i chi edrych eto ar eich gwaith TGAU.

Bydd yr unedau Mathemateg Bur eraill, yn ogystal â'r unedau eraill mewn mecaneg neu ystadegaeth y byddwch chi'n eu hastudio, yn adeiladu ar y wybodaeth, y sgiliau a'r ddealltwriaeth o'r deunydd yn C1. Pan fyddwch chi'n cwblhau'r unedau eraill hyn bydd disgwyl bod gennych chi wybodaeth drylwyr o'r deunydd y mae C1 yn ymdrin ag ef.

Rhestr wirio adolygu

Ticiwch golofn 1 pan fyddwch chi wedi cwblhau'r nodiadau i gyd.

Ticiwch golofn 2 pan fyddwch chi'n meddwl eich bod yn deall y testun yn dda.

Ticiwch golofn 3 yn ystod yr adolygu terfynol pan fyddwch chi'n teimlo eich bod wedi meistroli'r testun.

		1	2	3	Nodiadau
	1 Indecsau a syrdiau				
t8	Rheolau indecsau				
t11	Defnyddio a thrin syrdiau				
	2 Ffwythiannau cwadratig, hafaliadau, graffiau a'u trawsffurfiadau				
t15	Cwblhau'r sgwâr				
t16	Datrys hafaliadau cwadratig				
t17	Gwahanolyn ffwythiant cwadratig				
t18	Ffwythiannau cwadratig a'u graffiau				
t20	Datrys anhafaleddau llinol ac anhafaleddau cwadratig				
t23	Trawsffurfiadau'r graff $y = f(x)$				
	3 Geometreg gyfesurynnol a llinellau syth				
t37	Darganfod graddiant, hafaliad, hyd a chanolbwynt llinell sy'n cysylltu dau bwynt				
t40	Amodau sy'n gwneud dwy linell syth yn baralel neu'n berpendicwlar i'w gilydd				
	4 Polynomialau a'r ehangiad binomaidd				
t48	Defnyddio algebra i drin polynomialau				
t54	Ehangiad binomaidd				
	5 Differu				
t62	Differu o egwyddorion sylfaenol				
t63	Differu x^n a symiau a gwahaniaethau cysylltiedig				

		1	2	3	Nodiadau
t65	Pwyntiau arhosol				
t66	Deilliad trefn dau				
t67	Ffwythiannau cynyddol a lleihaol				
t68	Problemau optimeiddio syml				
t70	Graddiannau tangiadau a normalau, a'u hafaliadau				
t73	Braslunio cromliniau syml				

Testun 1 — Indecsau a syrdiau

Mae'r testun hwn yn ymdrin â'r canlynol:

- Rheolau indecsau
- Defnyddio a thrin syrdiau

Enw arall ar bwerau yw indecsau. Yn y testun hwn byddwch chi'n dysgu sut i ddefnyddio rheolau sylfaenol i drin pwerau.

Rhifau anghymarebol yw syrdiau; mae hyn yn golygu na allwn ni eu mynegi fel ffracsiynau, degolion cylchol na degolion terfynus. Yn y testun hwn byddwch chi'n adolygu ffyrdd o drin syrdiau.

Rheolau indecsau

Pwerau yw indecsau ac, er eich bod chi'n annhebygol o gael cwestiwn cyfan arnyn nhw yn unig, mae angen i chi allu defnyddio indecsau mewn meysydd eraill fel differu ac integru.

Mae indecsau yn hawdd. Does dim rhaid i chi wneud dim ar wahân i ddilyn ychydig o reolau. Mae'r rheolau hyn i gyd yn gymwys i rifau sydd â'r un bôn. Er enghraifft, gallwn ni ddefnyddio'r rheolau gyda $2^5 \times 2^4$ oherwydd bod y bonau yr un fath (h.y. 2). Nid ydynt yn gymwys i $2^3 \times 5^4$ lle mae'r bonau'n wahanol (h.y. 2 a 5).

Lluosi ag indecsau

Mae lluosi ag indecsau yn syml. Rydych chi'n adio'r indecsau fel hyn:

$$2^3 \times 2^5 = (2 \times 2 \times 2) \times (2 \times 2 \times 2 \times 2 \times 2) = 2^{3+5} = 2^8$$

Cofiwch fod: $2 = 2^1$, felly

$$2 \times 2^5 \times 2^{-3} = 2^{1+5+(-3)} = 2^3$$

Yn gyffredinol

$$a^m \times a^n = a^{m+n}$$

Rhannu ag indecsau

Mae rhannu ag indecsau hefyd yn ddigon syml. Rydych chi'n tynnu'r indecsau. Gwnewch yn siŵr eich bod chi'n tynnu indecs y rhan isaf oddi wrth indecs y rhan uchaf fel hyn:

$$3^7 \div 3^2 = \frac{3 \times 3 \times 3 \times 3 \times 3 \times 3 \times 3}{3 \times 3} = 3^{7-2} = 3^5$$

$$\frac{2^4}{2^3} = 2^{(4-3)} = 2^1 = 2$$

$$\frac{5^5}{5^7} = 5^{(5-7)} = 5^{-2}$$

$$a^m \div a^n = a^{m-n}$$

> Yn y drydedd enghraifft, mae llawer o fyfyrwyr yn gwneud y camgymeriad o dynnu 5 oddi wrth 7 i roi 2 positif. Cofiwch nad oes rhaid i'r indecs terfynol fod yn bositif bob tro.

Pŵer wedi'i godi i bŵer

Rydych chi'n lluosi'r indecsau y tu mewn a'r tu allan i'r cromfachau fel hyn:

$(2^3)^5 = 2^{3 \times 5} = 2^{15}$

$\left(2^{\frac{1}{2}}\right)^4 = 2^{\left(\frac{1}{2} \times 4\right)} = 2^2$

$(2^{-2})^3 = 2^{(-2 \times 3)} = 2^{-6}$

Yn gyffredinol

$(a^m)^n = a^{m \times n} = a^{mn}$

Pwerau negatif, ffracsiynol a sero

Mae pŵer negatif yn golygu 1 wedi'i rannu â rhif neu lythyren sydd wedi'u codi i'r pŵer positif fel yn yr enghreifftiau hyn:

$3^{-5} = \dfrac{1}{3^5}$

$x^{-2} = \dfrac{1}{x^2}$

Yn gyffredinol

$a^{-m} = \dfrac{1}{a^m}$ (ar yr amod bod $a \neq 0$)

Mae pwerau ffracsiynol yn golygu israddau. Os yw'r enwadur (h.y. rhif rhan isaf ffracsiwn) yn 2, yna mae'n ail isradd. Os yw'n 3, yna mae'n drydydd isradd. Er enghraifft:

$4^{\frac{1}{2}} = \sqrt{4} = 2$

$8^{\frac{1}{3}} = \sqrt[3]{8} = 2$

Lle mae rhifiadur ffracsiwn (h.y. rhif rhan uchaf ffracsiwn) yn fwy nag 1, caiff y rhif y tu mewn i'r isradd ei godi i bŵer y rhifiadur.

Yn yr enghraifft ganlynol caiff x ei chodi i'r pŵer $\dfrac{2}{3}$. Mae'r enwadur (h.y. 3) yn golygu trydydd isradd x ac mae'r rhifiadur (h.y. 2) yn golygu y caiff yr x ei sgwario y tu mewn i'r isradd. Gallwch gyfrifo'r trydydd isradd yn gyntaf neu gallwch sgwario yn gyntaf – does dim gwahaniaeth.

$x^{\frac{2}{3}} = \sqrt[3]{x^2} = \left(\sqrt[3]{x}\right)^2$

$8^{\frac{2}{3}} = \sqrt[3]{8^2} = \sqrt[3]{64} = 4$

neu

$8^{\frac{2}{3}} = \left(\sqrt[3]{8}\right)^2 = 2^2 = 4$

> Os oes gennych chi rif wedi'i godi i bŵer ffracsiynol, mae angen i chi ei newid yn israddau a phwerau fel yn yr enghreifftiau gyferbyn. Gallwch chi naill ai cyfrifo'r isradd yn gyntaf ac yna codi'r ateb i'r pŵer neu i'r gwrthwyneb – does dim gwahaniaeth. Gwnewch pa un bynnag sydd hawsaf. Fel rheol gyffredinol, bydd darganfod yr isradd yn gyntaf yn cadw'r rhifau yn isel ac felly yn haws eu hadnabod.

> Mae'n haws darganfod y trydydd isradd yn gyntaf ac yna sgwario'r ateb fel sy'n cael ei ddangos yma.

Yn gyffredinol

$a^{\frac{m}{n}} = \sqrt[n]{a^m} = \left(\sqrt[n]{a}\right)^m$

Cyfuniadau o bwerau ffracsiynol a negatif

Mae pŵer negatif yn golygu'r cilydd (h.y. 1 dros y rhif wedi'i godi i'r pŵer positif), ac mae'r ffracsiwn yn golygu isradd.

$$27^{-\frac{1}{3}} = \frac{1}{27^{\frac{1}{3}}} = \frac{1}{\sqrt[3]{27}} = \frac{1}{3}$$

$$x^{-\frac{3}{2}} = \frac{1}{\sqrt{x^3}} \text{ neu } \frac{1}{\left(\sqrt{x}\right)^3}$$

$$16^{-\frac{3}{2}} = \frac{1}{\left(\sqrt{16}\right)^3} = \frac{1}{4^3} = \frac{1}{64}$$

Yn gyffredinol

$$a^{-\frac{m}{n}} = \frac{1}{a^{\frac{m}{n}}} = \frac{1}{\sqrt[n]{a^m}} \text{ neu } \frac{1}{\left(\sqrt[n]{a}\right)^m}$$

> Yn y drydedd enghraifft gyferbyn rhaid i chi ddarganfod $\left(\sqrt{16}\right)^3$. Gan fod 16 yn sgwâr perffaith, mae'n haws darganfod ail isradd 16 ac yna ciwbio'r ateb yn hytrach na chiwbio 16 ac yna gorfod cyfrifo ail isradd yr ateb.

Pwerau sero

Mae unrhyw rif wedi'i godi i bŵer sero bob amser yn 1, hyd yn oed os nad ydych chi'n gwybod beth yw'r rhif. Er enghraifft $x^0 = 1$ neu $(ab)^0 = 1$.

$3^0 = 1$

$0.5^0 = 1$

Yn gyffredinol

Os $a \neq 0$,

$$a^0 = 1$$

Enghraifft

① Ysgrifennwch yr hafaliad canlynol gan ddefnyddio indecsau:

$$y = \frac{3}{4}\sqrt[3]{x} - \frac{6}{x^2} + 1$$

Ateb

① $$y = \frac{3}{4}x^{\frac{1}{3}} - 6x^{-2} + 1$$

Enghraifft

② O wybod bod $y = 8x^{-2} + \dfrac{3}{2}x^{-\frac{1}{2}}$, darganfyddwch y pan fo $x = 4$.

Ateb

② Sylwch: os ydych chi'n amnewid rhifau yn yr hafaliad uchod, mae angen i chi newid o ffurf indecs i israddau, ac yn y blaen. Mae hyn yn ei gwneud yn haws rhoi'r rhifau i mewn.

$$y = \frac{8}{x^2} + \frac{3}{2\sqrt{x}} = \frac{8}{4^2} + \frac{3}{2\sqrt{4}} = \frac{1}{2} + \frac{3}{4} = 1\frac{1}{4}$$

Defnyddio a thrin syrdiau

Rydym ni'n galw rhifau fel $\sqrt{18}$ yn syrdiau. Rhifau anghymarebol yw syrdiau. Mae hyn yn golygu na allwn ni eu mynegi fel ffracsiynau, degolion cylchol na degolion terfynus. Gallwn ni symleiddio syrdiau fel hyn:

$$\sqrt{18} = \sqrt{9 \times 2} = 3\sqrt{2}$$

Yma rydym ni'n ysgrifennu'r rhif 18 fel lluoswm dau ffactor sy'n cynnwys rhif sgwâr. Mae 9 yn sgwâr perffaith, ac felly mae cyfrifo ei ail isradd yn rhoi ateb sy'n rhif cyfan (cyfanrif). Felly $\sqrt{18} = 3\sqrt{2}$.

> Ceisiwch ddarganfod y ffactor sgwâr mwyaf bob tro. Er enghraifft, gallwn ni ysgrifennu $\sqrt{80}$ fel $\sqrt{16 \times 5} = 4\sqrt{5}$ neu $\sqrt{4 \times 20}$ ond mae angen symleiddio hyn ymhellach yn $\sqrt{4 \times 4 \times 5} = 4\sqrt{5}$. Mae'n gyflymach sylwi mai 16 yw ffactor sgwâr uchaf 80, felly rydym ni'n cael $\sqrt{80} = \sqrt{16 \times 5} = 4\sqrt{5}$.

Symleiddio syrdiau

Dyma rai rheolau cyffredinol wrth drin syrdiau:

$$\sqrt{a} \times \sqrt{a} = a$$

$$\sqrt{a} \times \sqrt{b} = \sqrt{ab}$$

$$\left(\sqrt{a} + \sqrt{b}\right)\left(\sqrt{a} - \sqrt{b}\right) = a - b$$

Mae'r enghreifftiau canlynol yn dangos ffyrdd o symleiddio syrdiau:

1 $\left(\sqrt{3}\right)^2 = \sqrt{3} \times \sqrt{3} = 3$

2 $\left(5\sqrt{2}\right)^2 = 5\sqrt{2} \times 5\sqrt{2} = 25 \times 2 = 50$

3 $\left(3\sqrt{2}\right) \times \left(4\sqrt{2}\right) = 12 \times 2 = 24$

4 $3\sqrt{2} + 2\sqrt{2} = 5\sqrt{2}$

5 $\left(2 + \sqrt{7}\right)\left(2 + \sqrt{7}\right) = 2\left(2 + \sqrt{7}\right) + \sqrt{7}\left(2 + \sqrt{7}\right) = 4 + 2\sqrt{7} + 2\sqrt{7} + 7 = 11 + 4\sqrt{7}$

6 $\left(1 + \sqrt{3}\right)\left(5 - \sqrt{12}\right) = 1\left(5 - \sqrt{12}\right) + \sqrt{3}\left(5 - \sqrt{12}\right)$

$$= 5 - \sqrt{12} + 5\sqrt{3} - \sqrt{3 \times 12}$$

$$= 5 - 2\sqrt{3} + 5\sqrt{3} - \sqrt{36}$$

$$= -1 + 3\sqrt{3}$$

Cymarebu syrdiau

Os oes gennych chi ffracsiwn lle mae swrd yn y rhan isaf, mae angen cael gwared ag ef (h.y. ei gymarebu). Rydym ni'n gwneud hyn trwy luosi rhan uchaf (h.y. rhifiadur) a rhan isaf (h.y. enwadur) y ffracsiwn â'r swrd. Mae cymarebu'n gwneud yn siŵr nad yw'r enwadur bellach yn rhif anghymarebol.

$\dfrac{1}{\sqrt{3}} = \dfrac{1}{\sqrt{3}} \times \dfrac{\sqrt{3}}{\sqrt{3}} = \dfrac{\sqrt{3}}{3}$ Mae'r ffracsiwn wedi'i symleiddio pan nad oes dim syrdiau yn yr enwadur.

Os bydd ffracsiwn yn cynnwys enwadur fel hyn $\dfrac{1}{1 - \sqrt{2}}$, yna rydym ni'n cael gwared â'r rhif anghymarebol yn yr enwadur trwy luosi rhifiadur (h.y. rhan uchaf) ac enwadur (h.y. rhan isaf) y ffracsiwn â chyfiau'r enwadur. Yn yr achos hwn, cyfiau'r enwadur yw $1 + \sqrt{2}$. Mae'r cyfiau yr un fath â'r enwadur ond bod yr arwydd yn ddirgroes.

Trwy hyn, $\dfrac{1}{1 - \sqrt{2}} = \dfrac{1}{\left(1 - \sqrt{2}\right)} \times \dfrac{\left(1 + \sqrt{2}\right)}{\left(1 + \sqrt{2}\right)} = \dfrac{1 + \sqrt{2}}{1 - 2} = \dfrac{1 + \sqrt{2}}{-1} = -1 - \sqrt{2}$

Enghraifft

Yn y ddau gwestiwn hyn mae gofyn i chi symleiddio. Yn y ddau achos rydym ni'n gwneud hyn trwy gymarebu'r enwadur (h.y. cael gwared â'r syrdiau o'r enwadur) a symleiddio'r canlyniad.

① Symleiddiwch

$$\frac{10}{\sqrt{5}}$$

Ateb

① $\dfrac{10}{\sqrt{5}} = \dfrac{10}{\sqrt{5}} \times \dfrac{\sqrt{5}}{\sqrt{5}} = \dfrac{10\sqrt{5}}{5} = 2\sqrt{5}$

Enghraifft

② Symleiddiwch

$$\frac{1}{2 - \sqrt{5}}$$

> Cymarebwch yr enwadur trwy luosi'r rhifiadur a'r enwadur â chyfiau'r enwadur.

Ateb

② $\dfrac{1}{\left(2 - \sqrt{5}\right)} \dfrac{\left(2 + \sqrt{5}\right)}{\left(2 + \sqrt{5}\right)} = \dfrac{2 + \sqrt{5}}{4 - 5} = \dfrac{2 + \sqrt{5}}{-1} = -2 - \sqrt{5}$

Cwestiynau tebyg i rai arholiad

① Symleiddiwch

$$\sqrt{45} + \sqrt{80} + \sqrt{125} \qquad [3]$$

> Cofiwch nodi'r ffactorau hynny sy'n sgwariau perffaith.

Ateb

① $\sqrt{45} + \sqrt{80} + \sqrt{125} = \sqrt{9 \times 5} + \sqrt{16 \times 5} + \sqrt{25 \times 5} = 3\sqrt{5} + 4\sqrt{5} + 5\sqrt{5} = 12\sqrt{5}$

② Symleiddiwch

$$\frac{3\sqrt{3} - \sqrt{2}}{\sqrt{3} - \sqrt{2}} \qquad [4]$$

Ateb

② $\dfrac{3\sqrt{3} - \sqrt{2}}{\sqrt{3} - \sqrt{2}} = \dfrac{\left(3\sqrt{3} - \sqrt{2}\right)\left(\sqrt{3} + \sqrt{2}\right)}{\left(\sqrt{3} - \sqrt{2}\right)\left(\sqrt{3} + \sqrt{2}\right)} = \dfrac{9 + 3\sqrt{6} - \sqrt{6} - 2}{3 + \sqrt{6} - \sqrt{6} - 2} = \dfrac{7 + 2\sqrt{6}}{1} = 7 + 2\sqrt{6}$

③ Symleiddiwch

$$\frac{3}{\sqrt{3}} + \sqrt{75} + \left(\sqrt{2} \times \sqrt{6}\right) \qquad [4]$$

Ateb

③ $\dfrac{3}{\sqrt{3}} + \sqrt{75} + \left(\sqrt{2} \times \sqrt{6}\right) = \dfrac{\sqrt{3 \times 3}}{\sqrt{3}} + \sqrt{25 \times 3} + \left(\sqrt{2} \times \sqrt{2 \times 3}\right) = \sqrt{3} + 5\sqrt{3} + 2\sqrt{3} = 8\sqrt{3}$

Profi eich hun

Atebwch y cwestiynau canlynol a gwiriwch eich atebion cyn symud ymlaen i'r testun nesaf.

① Ysgrifennwch yr hafaliad canlynol gan ddefnyddio indecsau:

$$y = 5\sqrt{x} + \frac{45}{x} - 7$$

② Symleiddiwch bob un o'r canlynol heb ddefnyddio cyfrifiannell:

(a) 5^0

(b) 3^{-2}

(c) $8^{\frac{1}{3}}$

(ch) $25^{-\frac{1}{2}}$

(d) $16^{\frac{3}{2}}$

③ Symleiddiwch bob un o'r canlynol, gan fynegi eich atebion ar ffurf swrd.

(a) $\sqrt{48} + \dfrac{12}{\sqrt{3}} - \sqrt{27}$

(b) $\dfrac{2 + \sqrt{5}}{3 + \sqrt{5}}$

(Sylwch: mae'r atebion i'r cwestiynau 'Profi eich hun' yng nghefn y llyfr.)

1 Symleiddiwch

(a) $\dfrac{5\sqrt{7} - \sqrt{3}}{\sqrt{7} - \sqrt{3}}$, [4]

(b) $\left(\sqrt{15} \times \sqrt{20}\right) - \sqrt{75} - \dfrac{\sqrt{60}}{\sqrt{5}}$. [4]

(CBAC C1 Mai 2010 Cw2)

Ateb

1 (a) $\dfrac{5\sqrt{7} - \sqrt{3}}{\sqrt{7} - \sqrt{3}} = \dfrac{\left(5\sqrt{7} - \sqrt{3}\right)\left(\sqrt{7} + \sqrt{3}\right)}{\left(\sqrt{7} - \sqrt{3}\right)\left(\sqrt{7} + \sqrt{3}\right)}$

$= \dfrac{5 \times 7 + 5\sqrt{7}\sqrt{3} - \sqrt{3}\sqrt{7} - 3}{7 + \sqrt{7}\sqrt{3} - \sqrt{3}\sqrt{7} - 3}$

$= \dfrac{35 + 4\sqrt{7}\sqrt{3} - 3}{4} = \dfrac{32 + 4\sqrt{7}\sqrt{3}}{4}$

$= 8 + \sqrt{21}$

> Cofiwch fod yn rhaid lluosi'r rhan uchaf a'r rhan isaf â chyfiau'r rhan isaf.

> Cofiwch fod $\sqrt{7}\,\sqrt{3} = \sqrt{3}\,\sqrt{7} = \sqrt{21}$. Felly gall y ddau derm canol gael eu tynnu.

> Sylwch y gallwn ni rannu'r 4 yn y rhan isaf i mewn i'r ddau derm yn y rhan uchaf.

(b) $\left(\sqrt{15} \times \sqrt{20}\right) - \sqrt{75} - \dfrac{\sqrt{60}}{\sqrt{5}}$

$= \sqrt{300} - \sqrt{3 \times 25} - \dfrac{\sqrt{5 \times 12}}{\sqrt{5}}$

$= \sqrt{3 \times 100} - \sqrt{3 \times 25} - \sqrt{12}$

$= 10\sqrt{3} - 5\sqrt{3} - \sqrt{4 \times 3}$

$= 10\sqrt{3} - 5\sqrt{3} - 2\sqrt{3}$

$= 3\sqrt{3}$

> Caiff 60 ei rannu'n ffactorau 5 ac 12. Rydym ni'n dewis y rhain gan y bydd y $\sqrt{5}$ yn y rhan isaf yn canslo.

> Mae $\sqrt{5}$ yn canslo yn y ffracsiwn.

> Rydym ni'n ysgrifennu'r rhifau y tu mewn i'r israddau fel lluoswm dau ffactor lle mae un o'r ffactorau yn sgwâr perffaith.

Testun 2	Ffwythiannau cwadratig, hafaliadau, graffiau a'u trawsffurfiadau

Mae'r testun hwn yn ymdrin â'r canlynol:

- Cwblhau'r sgwâr
- Datrys hafaliadau cwadratig
- Gwahanolyn ffwythiant cwadratig
- Ffwythiannau cwadratig a'u graffiau
- Datrys anhafaleddau llinol ac anhafaleddau cwadratig
- Trawsffurfiadau'r graff $y = f(x)$

Cwblhau'r sgwâr

Gallwn ni ysgrifennu mynegiad cwadratig $ax^2 + bx + c$ yn y ffurf $a(x + p)^2 + q$. Yr enw ar hyn yw cwblhau'r sgwâr. Sylwch y gall gwerthoedd p a q fod yn bositif neu'n negatif.

Er enghraifft, tybiwch fod gofyn i chi fynegi $x^2 + 6x + 11$ yn y ffurf $(x + a)^2 + b$, lle mae gwerthoedd a a b i'w darganfod.

Os nad oes dim rhif ar wahân i 1 o flaen yr x^2 (sef cyfernod x^2), hanerwch y rhif sydd o flaen yr x (cyfernod x). Yn yr enghraifft hon, mae 6 o flaen yr x ac felly mae haneru hyn yn rhoi 3. Os oes arwydd minws, yna bydd angen cynnwys yr arwydd hwn.

Rydym ni'n rhoi'r rhif, gan gynnwys yr arwydd, i mewn i gromfachau fel hyn:

$(x + 3)^2$

Pan gaiff hyn ei ehangu mae'n rhoi $x^2 + 6x + 9$. Felly mae gennym ni y ddau derm cyntaf a hefyd rhif 9. Rhaid i ni symud y rhif 9 y tu allan i'r cromfachau trwy ei dynnu fel hyn:

$(x + 3)^2 - 9$

Nawr mae angen adio'r 11, felly mae gennym ni

$x^2 + 6x + 11 = (x + 3)^2 - 9 + 11 = (x + 3)^2 + 2$

Gall yr ateb gael ei gymharu â $(x + a)^2 + b$

Trwy hyn, $a = 3$ a $b = 2$.

Pan nad yw cyfernod x^2 yn hafal i 1, rydym ni'n defnyddio'r dull canlynol:

Enghraifft

① Mynegwch $2x^2 + 12x + 3$ yn y ffurf $a(x + b)^2 + c$, lle mae a, b ac c i'w darganfod.

Ateb

① $2x^2 + 12x + 3$

$= 2\left[x^2 + 6x + \dfrac{3}{2}\right]$

$= 2\left[(x + 3)^2 - 9 + \dfrac{3}{2}\right]$

> Cyn cwblhau'r sgwâr, rhowch y 2 fel ffactor y tu allan i'r cromfachau sgwâr (gan fod angen i gyfernod x^2 fod yn 1 pan fyddwn ni'n cwblhau'r sgwâr).

> Rydym ni nawr yn cwblhau'r sgwâr y tu mewn i'r cromfachau sgwâr.

$$= 2\left[(x+3)^2 - \frac{15}{2}\right]$$

$$= 2(x+3)^2 - 15$$

Trwy hyn, $a = 2, b = 3, c = -15$.

> Nawr lluoswch â'r rhif 2 sydd y tu allan i'r cromfachau sgwâr i roi'r fformat sy'n ofynnol.

Datrys hafaliadau cwadratig

Mae hafaliadau cwadratig yn hafaliadau y gallwn ni eu hysgrifennu yn y ffurf $ax^2 + bx + c = 0$.

Mae tair ffordd o ddatrys hafaliadau cwadratig:

1 Trwy ffactorio. Dylech chi fod yn gyfarwydd â hyn o'ch gwaith TGAU.

2 Trwy gwblhau'r sgwâr.

3 Trwy ddefnyddio'r fformiwla gwadratig.

Datrys hafaliad cwadratig trwy ffactorio

Enghraifft

① Datryswch $2x^2 + 7x - 4 = 0$.

Ateb

① $(2x - 1)(x + 4) = 0$

Mae amnewid pob un o'r cromfachau yn hafal i 0 yn rhoi $2x - 1 = 0$ neu $x + 4 = 0$.

Trwy hyn, $x = \dfrac{1}{2}$ neu $x = -4$.

 Gwella gradd

Gwnewch yn siŵr y gallwch ffactorio mynegiadau cwadratig ac yna datrys hafaliadau cwadratig, gan y bydd angen y wybodaeth hon arnoch chi mewn sawl rhan o'r cwrs UG ac U2.

Datrys hafaliad cwadratig trwy gwblhau'r sgwâr

Enghraifft

① Dangoswch ei bod yn bosibl mynegi $x^2 + 0.8x - 3.84$ yn y ffurf $(x + p)^2 - 4$, lle mae p yn gysonyn y mae'n rhaid darganfod ei werth.

Trwy hyn, datryswch yr hafaliad cwadratig $x^2 + 0.8x - 3.84 = 0$.

Ateb

① $x^2 + 0.8x - 3.84 = (x + 0.4)^2 - 0.16 - 3.84$

$$= (x + 0.4)^2 - 4$$

Trwy hyn, $p = 0.4$

$x^2 + 0.8x - 3.84 = 0$

Felly, $(x + 0.4)^2 - 4 = 0$

$(x + 0.4)^2 = 4$

 Gwella gradd

Rhaid i chi gwblhau'r sgwâr i ddatrys yr hafaliad cwadratig. Byddwch chi'n colli marciau os defnyddiwch ddull sy'n wahanol i'r dull sy'n cael ei nodi yn y cwestiwn.

Mae cyfrifo ail isradd y ddwy ochr yn rhoi:

$(x + 0.4) = \pm 2$

Felly, $x = 2 - 0.4$ neu $x = -2 - 0.4$.

Trwy hyn, $x = 1.6$ neu $x = -2.4$.

> Rhaid i chi gynnwys y gwerthoedd positif a negatif pan fyddwch chi'n cyfrifo ail isradd rhif.

Datrys hafaliad cwadratig gan ddefnyddio'r fformiwla

Pan fydd hafaliadau cwadratig yn y ffurf $ax^2 + bx + c = 0$, gallwn ni eu datrys gan ddefnyddio'r fformiwla:

$$x = \frac{-b \pm \sqrt{b^2 - 4ac}}{2a}$$

> Cymerwch ofal gyda'r arwyddion pan fyddwch chi'n rhoi rhifau i mewn i'r hafaliad hwn.

> Ni chewch ddefnyddio cyfrifiannell yn arholiad Craidd 1. Rhifau cymharol syml fydd y rhifau a gewch chi i'w rhoi i mewn i'r fformiwla gwadratig.

Nodyn pwysig: Ni fydd y fformiwla hon yn y llyfryn fformiwlâu, felly rhaid i chi ddysgu a chofio'r fformiwla.

Enghraifft

① Datryswch yr hafaliad $2x^2 - x - 6 = 0$.

Ateb

① Mae cymharu'r hafaliad hwn ag $ax^2 + bx + c = 0$ yn rhoi $a = 2$, $b = -1$ ac $c = -6$.

Mae rhoi'r gwerthoedd hyn i mewn i fformiwla hafaliad cwadratig yn rhoi:

$$x = \frac{1 \pm \sqrt{(-1)^2 - 4(2)(-6)}}{2(2)}$$

$$= \frac{1 \pm \sqrt{1 + 48}}{4} = \frac{1 \pm 7}{4} = \frac{1 + 7}{4} \text{ neu } \frac{1 - 7}{4} = 2 \text{ neu } -1.5$$

> Os bydd cwestiwn yn gofyn i chi adael eich ateb ar ffurf swrd, rhaid i chi ddefnyddio naill ai'r dull fformiwla neu'r dull cwblhau'r sgwâr.

Gwahanolyn ffwythiant cwadratig

Mae gwreiddiau hafaliad cwadratig yr un fath â'r datrysiadau. Maen nhw hefyd yr un fath â chyfesurynnau–x y pwyntiau lle mae graff yr hafaliad yn croestorri'r echelin-x.

Mae $ax^2 + bx + c$ yn ffwythiant cwadratig. Yr enw ar y maint $b^2 - 4ac$ yw'r gwahanolyn ac mae'n rhoi'r wybodaeth ganlynol am wreiddiau'r hafaliad cwadratig $ax^2 + bx + c = 0$:

Os yw $b^2 - 4ac > 0$, yna mae dau wreiddyn real a gwahanol.

Os yw $b^2 - 4ac = 0$, yna mae dau wreiddyn real a hafal.

Os yw $b^2 - 4ac < 0$, yna does dim gwreiddiau real.

Gallwn ni ddangos y tair sefyllfa yn graffigol (ar gyfer $a > 0$).

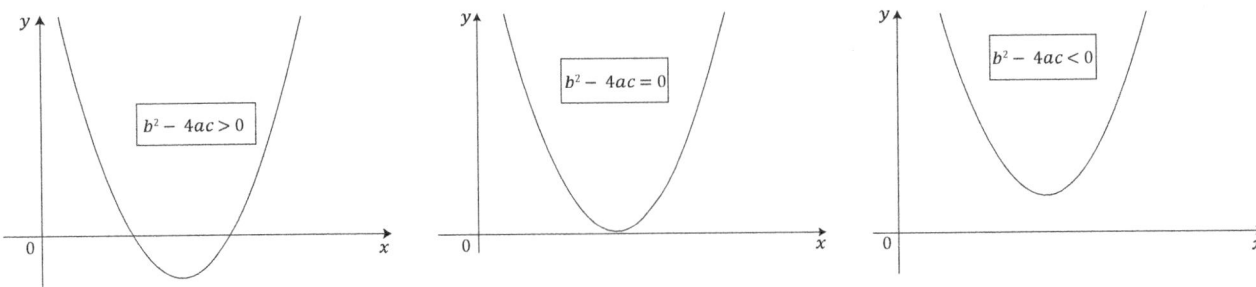

Ffwythiannau cwadratig a'u graffiau

Mae gan yr hafaliad cwadratig sydd â'r ffurf $y = ax^2 + bx + c$ graff sy'n barabola.

Yn dibynnu ar arwydd yr a yn yr hafaliad uchod, mae'r parabola ar siâp $\cup$ os yw a yn bositif neu ar siâp $\cap$ os yw a yn negatif.

I ddarganfod y pwyntiau lle mae'r parabola yn croestorri'r echelin-x, gallwch chi ddatrys yr hafaliad $ax^2 + bx + c = 0$.

Os bydd cwestiwn yn dechrau drwy ofyn i chi gwblhau'r sgwâr ac yna yn nes ymlaen yn y cwestiwn yn gofyn i chi fraslunio'r gromlin a/neu ddarganfod y gwerth macsimwm neu'r gwerth minimwm, yna mae ffordd gyflym o wneud hyn.

Pan fydd y sgwâr wedi cael ei gwblhau, bydd yr hafaliad ar gyfer y gromlin yn y fformat hwn:

$y = a(x + p)^2 + q$

Pan fo $x = -p$, mae gwerth yr hyn sydd yn y cromfachau yn sero. Gan fod yr hyn sydd yn y cromfachau yn cael ei sgwario, dyma ei werth minimwm (gan na all fod yn negatif). Trwy hyn, gwerth minimwm y yw q.

O'r hafaliad $y = a(x + p)^2 + q$:

Os yw a yn bositif (h.y. $a > 0$) bydd y gromlin ar siâp $\cup$.

Os yw a yn negatif (h.y. $a < 0$) bydd y gromlin ar siâp $\cap$.

Bydd y fertig (h.y. y pwynt macsimwm (uchafbwynt) neu'r pwynt minimwm (isafbwynt)) yn $(-p, q)$.

Yr echelin cymesuredd fydd $x = -p$.

Er enghraifft, gall y gromlin sydd â'r hafaliad $y = 2(x + 3)^2 - 1$ gael ei chymharu ag $y = a(x + p)^2 + q$. Mae hyn yn rhoi $a = 2, p = 3$ a $q = -1$.

Bydd y gromlin ar siâp $\cup$ gyda phwynt minimwm yn $(-3, -1)$ (h.y. $(-p, q)$) ac echelin cymesuredd o $x = -3$.

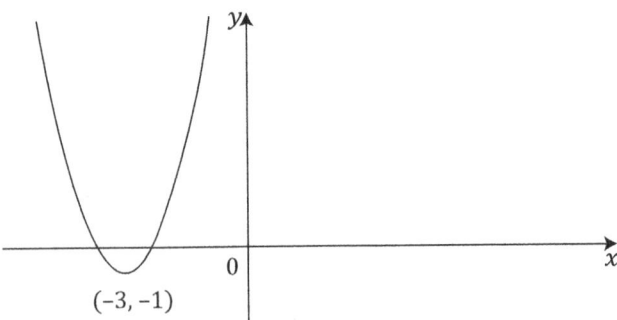

Enghraifft

① Mynegwch $3x^2 - 12x + 17$ yn y ffurf $a(x + b)^2 + c$, lle mae gwerthoedd y cysonion a, b ac c i'w darganfod.

Trwy hyn, brasluniwch graff $y = 3x^2 - 12x + 17$, gan nodi cyfesurynnau ei bwynt arhosol. [5]

(CBAC C1 Ionawr 09 Cw4)

Ateb

① $3x^2 - 12x + 17$

$$= 3\left[x^2 - 4x + \frac{17}{3}\right]$$

$$= 3\left[(x - 2)^2 - 4 + \frac{17}{3}\right]$$

$$= 3\left[(x - 2)^2 + \frac{5}{3}\right]$$

$$= 3(x - 2)^2 + 5$$

> Cyn cwblhau'r sgwâr rhaid rhoi'r 3 fel ffactor y tu allan i'r cromfachau.

Trwy hyn, $a = 3$, $b = -2$ ac $c = 5$.

$y = 3x^2 - 12x + 17$

> Cymharwch eich ateb â fformat y mynegiad yn y cwestiwn, sef yn yr achos hwn $a(x + b)^2 + c$, i ddarganfod gwerthoedd a, b ac c.

Mae defnyddio eich ateb o gwblhau'r sgwâr yn rhoi:

$y = 3(x - 2)^2 + 5$

Mae'r hafaliad hwn yn y fformat $y = a(x + p)^2 + q$ lle mae $a = 3$ (sy'n bositif felly bydd y graff ar siâp ∪). Pan fo $x = 2$, mae gwerth yr hyn sydd yn y cromfachau yn sero, felly gwerth minimwm y yw 5. Bydd y fertig (pwynt minimwm yn yr achos hwn) yn $(-p, q)$ sy'n rhoi'r pwynt (2, 5).

Er nad yw'r cwestiwn yn gofyn i chi ddarganfod lle mae'r gromlin yn croestorri'r echelin-y, mae darganfod y pwynt hwn yn ddefnyddiol pan fyddwch chi'n lluniadu'r graff. Efallai y bydd cwestiynau eraill yn gofyn yn benodol i chi ddarganfod cyfesurynnau-y y pwynt hwn.

I ddarganfod lle mae'r gromlin yn croestorri'r echelin-y, amnewidiwch $x = 0$ yn yr hafaliad ar gyfer y gromlin $y = 3x^2 - 12x + 17$ sy'n rhoi $y = 17$.

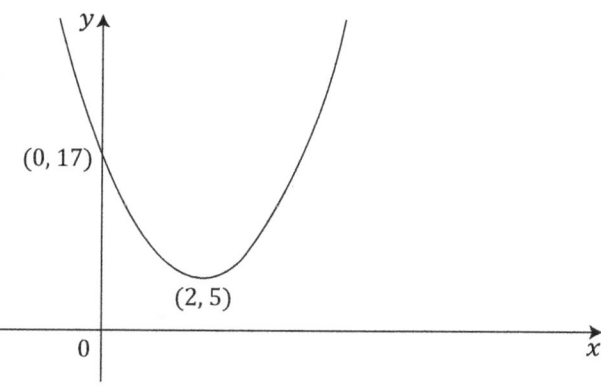

Datrys anhafaleddau llinol ac anhafaleddau cwadratig

Datrys anhafaleddau llinol

Mae dull datrys y rhain yn debyg i ddull datrys hafaliadau llinol cyffredin, ond mae un gwahaniaeth pwysig. Os gwnewch chi luosi neu rannu'r ddwy ochr â maint negatif, yna rhaid cildroi arwydd yr anhafaledd. Er enghraifft, $3 > 2$, ond $-3 < -2$.

Enghraifft

① Datryswch yr anhafaledd $3x - 7 < 2$.

Ateb

① $3x - 7 < 2$

$3x < 9$ (Adio 7 at y ddwy ochr)

$x < 3$ (Rhannu'r ddwy ochr â 3)

Enghraifft

② Datryswch yr anhafaledd $1 - 2x > 5$.

Ateb

② $1 - 2x > 5$

$-2x > 4$ (Tynnu 1 o'r ddwy ochr)

$x < -2$ (Rhannu'r ddwy ochr â -2 a childroi'r arwydd)

Datrys anhafaleddau cwadratig

Enghraifft

① Darganfyddwch amrediad gwerthoedd x sy'n bodloni'r anhafaledd $2x^2 + x - 6 \le 0$.

Ateb

① $2x^2 + x - 6 \le 0$

Mae ystyried yr achos lle mae $2x^2 + x - 6 = 0$ a'i ffactorio yn rhoi:

$(2x - 3)(x + 2) = 0$

Mae hyn yn rhoi'r gwerthoedd critigol $x = \dfrac{3}{2}$ neu $x = -2$ (dyma'r pwyntiau lle mae'r gromlin yn croestorri'r echelin-x).

Mae braslunio'r gromlin ar gyfer $y = 2x^2 + x - 6$ yn rhoi'r canlynol:

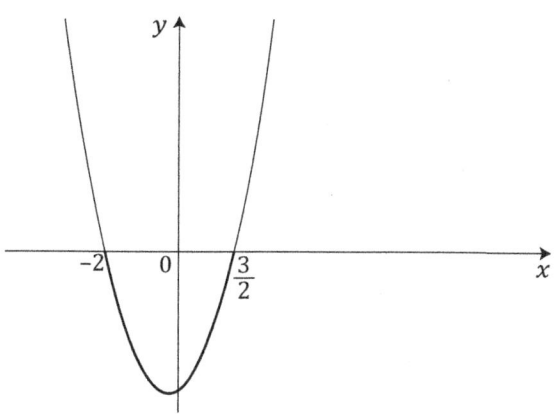

Rydym ni eisiau'r rhan o'r graff sydd ar yr echelin-x neu'n is na hi oherwydd yr arwydd $\leq$ yn yr anhafaledd.

Amrediad gwerthoedd x lle mae hyn yn digwydd yw $-2 \leq x \leq \frac{3}{2}$.

Enghraifft

② Darganfyddwch amrediad gwerthoedd x sy'n bodloni'r anhafaledd $3x^2 + 2x - 1 > 0$.

Ateb

② $3x^2 + 2x - 1 > 0$

Mae ystyried yr achos lle mae $3x^2 + 2x - 1 = 0$ a'i ffactorio yn rhoi:

$(3x - 1)(x + 1) = 0$

Mae hyn yn rhoi'r gwerthoedd critigol $x = \frac{1}{3}$ neu $x = -1$ (dyma'r pwyntiau lle mae'r gromlin yn croestorri'r echelin-x).

Mae braslunio'r gromlin ar gyfer $y = 3x^2 + 2x - 1$ yn rhoi'r canlynol:

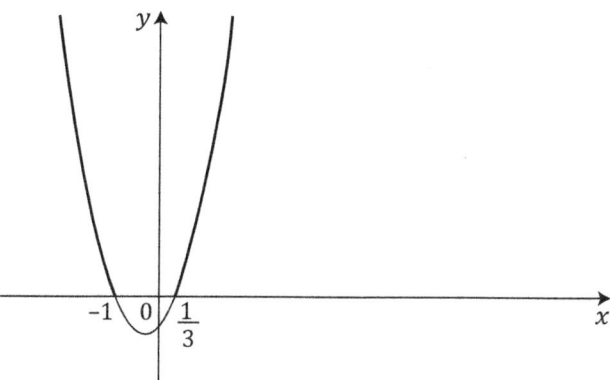

Rydym ni eisiau'r rhan o'r graff sy'n uwch na'r echelin-x oherwydd yr arwydd $>$ yn yr anhafaledd.

Amrediad gwerthoedd x lle mae hyn yn digwydd yw
$x < -1$ neu $x > \frac{1}{3}$.

Nodyn pwysig: Mae gwerth x sy'n bodloni'r anhafaledd *naill ai* yn llai na -1 *neu* yn fwy nag $\frac{1}{3}$.

Os ysgrifennwch 'ac' yn hytrach na 'neu', gallech chi golli marc.

Hafaliadau cydamserol

Yn eich cwrs TGAU roeddech chi'n datrys dau hafaliad llinol yn gydamserol i ddarganfod gwerthoedd x ac y sy'n gweithio yn y ddau hafaliad. Yr hyn a wnaethoch chi oedd darganfod cyfesurynnau croestorfan dwy linell syth.

Yn eich cwrs Craidd 1 bydd angen i chi ddatrys un hafaliad llinol ac un hafaliad cwadratig. Wrth wneud hyn byddwch chi'n darganfod croestorfannau neu bwynt cyffwrdd llinell syth a chromlin.

Enghraifft

① Datryswch yr hafaliadau cydamserol $y = 10x^2 - 5x - 2$ ac $y = 2x - 3$ mewn dull algebraidd. Ysgrifennwch ddehongliad geometregol o'ch canlyniadau.

Ateb

① Mae hafalu'r mynegiadau ar gyfer y yn rhoi:

$10x^2 - 5x - 2 = 2x - 3$

$10x^2 - 7x + 1 = 0$

Mae ffactorio'r hafaliad cwadratig hwn yn rhoi:

$(5x - 1)(2x - 1) = 0$

Trwy hyn, $x = \dfrac{1}{5}$ neu $x = \dfrac{1}{2}$.

Mae amnewid $x = \dfrac{1}{5}$ i mewn i $y = 2x - 3$ yn rhoi:

$y = -2\dfrac{3}{5}$

Mae amnewid $x = \dfrac{1}{2}$ i mewn i $y = 2x - 3$ yn rhoi:

$y = -2$

Mae dau safle lle mae'r llinell a'r gromlin yn croestorri.

Croestorfannau'r llinell â'r gromlin yw $\left(\dfrac{1}{5}, -2\dfrac{3}{5}\right)$ a $\left(\dfrac{1}{2}, -2\right)$.

> Yn y croestorfannau, bydd cyfesurynnau-y y gromlin a'r llinell syth yr un fath.

> Mae'n haws amnewid y cyfesuryn-x i mewn i hafaliad y llinell syth yn hytrach na'r gromlin.

Trawsffurfiadau'r graff $y = f(x)$

Os byddwch chi'n cael graff o ffwythiant sydd yn y ffurf $y = f(x)$, gallwch chi lunio graff ffwythiant newydd o'r graff gwreiddiol trwy ddefnyddio trawsffurfiad syml.

Mae'r trawsffurfiadau syml yn cynnwys adlewyrchiadau, trawsfudiadau ac estyniadau.

$y = f(x)$ i $y = f(x + a)$

Mae hyn yn cynrychioli trawsfudiad o $-a$ uned yn baralel i'r echelin-x. Gall hyn gael ei gynrychioli gan y trawsfudiad $\begin{pmatrix} -a \\ 0 \end{pmatrix}$. Sylwch: os yw a yn bositif yn y ffwythiant newydd, bydd y graff yn symud a uned i'r chwith, ac os yw'n negatif bydd yn symud a uned i'r dde.

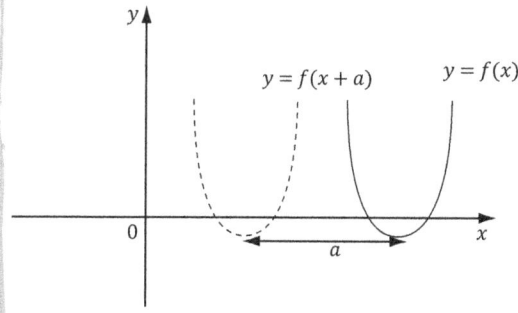

$y = f(x)$ i $y = f(x) + a$

Mae hyn yn cynrychioli trawsfudiad o a uned yn baralel i'r echelin-y. Gall hyn gael ei gynrychioli gan y trawsfudiad $\begin{pmatrix} 0 \\ a \end{pmatrix}$. Os yw a yn bositif, bydd y graff cyfan yn symud i fyny a uned, ac os yw a yn negatif bydd yn symud i lawr a uned.

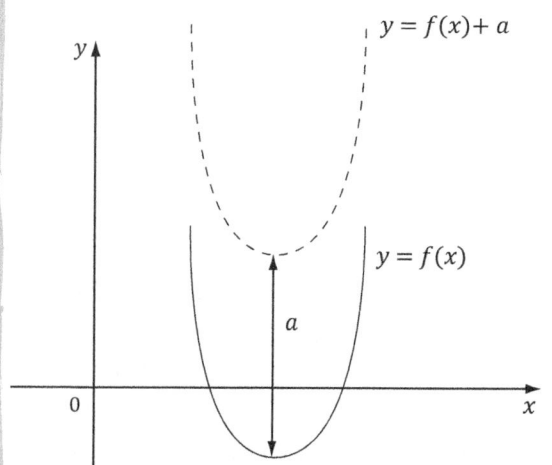

$y = f(x)$ i $y = af(x)$

Mae hyn yn cynrychioli estyniad unffordd gyda ffactor graddfa a yn baralel i'r echelin-y. Mae hyn yn golygu y bydd gwerth y unrhyw bwynt ar y gromlin yn cael ei luosi ag a ond nid yw'r gwerth x yn newid. Mae'n bwysig nodi na fydd unrhyw groestorfannau â'r echelin-x yn newid yn ystod yr estyniad.

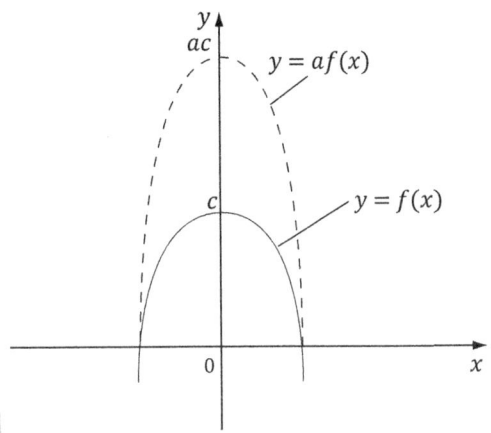

Sylwch: os yw a yn negatif bydd y gromlin yn cael ei hadlewyrchu yn yr echelin-x.

$y = f(x)$ i $y = f(ax)$

Mae hyn yn cynrychioli estyniad unffordd gyda ffactor graddfa $\frac{1}{a}$ yn baralel i'r echelin-x.

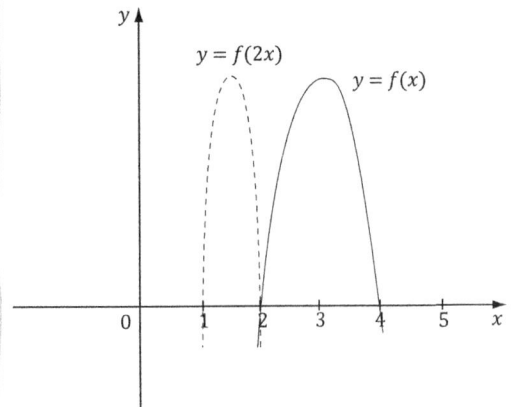

Sylwch: mae pob gwerth x ar y graff ar gyfer y ffwythiant gwreiddiol yn cael ei haneru. Yma rydych chi'n gweld bod graff $y = f(x)$ yn croestorri'r echelin-x yn $x = 2$ ac $x = 4$. Mae graff $y = f(2x)$ yn croestorri'r echelin-x yn y mannau sy'n hanner y gwerthoedd hyn, h.y. $x = 1$ ac $x = 2$.

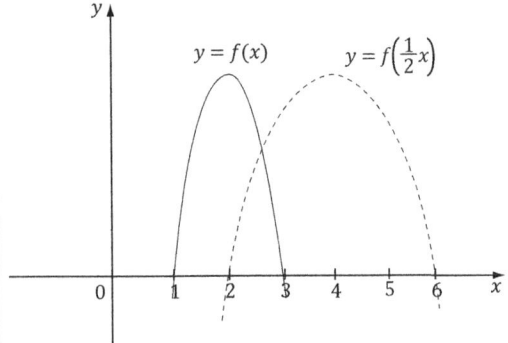

Yma mae'r gwerthoedd x ar gyfer y ffwythiant gwreiddiol yn cael eu dyblu. Mae graff $y = f(x)$ yn croestorri'r echelin-x yn $x = 1$ ac $x = 3$. Mae graff $y = f\left(\frac{1}{2}x\right)$ yn croestorri'r echelin-x yn y mannau sy'n ddwbl y gwerthoedd hyn, h.y. $x = 2$ ac $x = 6$.

Enghraifft

① Mae'r diagram yn dangos braslun o graff $y = f(x)$. Mae'r graff yn mynd trwy'r pwyntiau $(1, 0)$ a $(5, 0)$ ac mae ganddo bwynt minimwm yn $(3, -4)$.

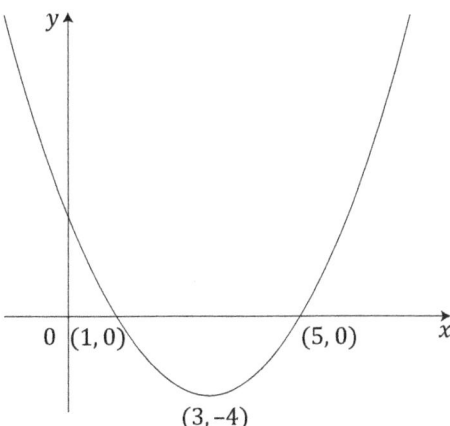

Brasluniwch y graffiau canlynol, gan ddefnyddio set wahanol o echelinau ar gyfer pob graff. Ym mhob achos, dylech chi nodi cyfesurynnau'r pwynt arhosol a chyfesurynnau croestorfannau'r graff â'r echelin-x.

(a) $y = f(x + 1)$

(b) $y = -2f(x)$

Ateb

① (a) Mae $y = f(x + 1)$ yn drawsfudiad o $y = f(x)$, sef trawsfudiad o 1 uned i'r chwith yn baralel i'r echelin-x, h.y. trawsfudiad o $\begin{pmatrix} -1 \\ 0 \end{pmatrix}$.

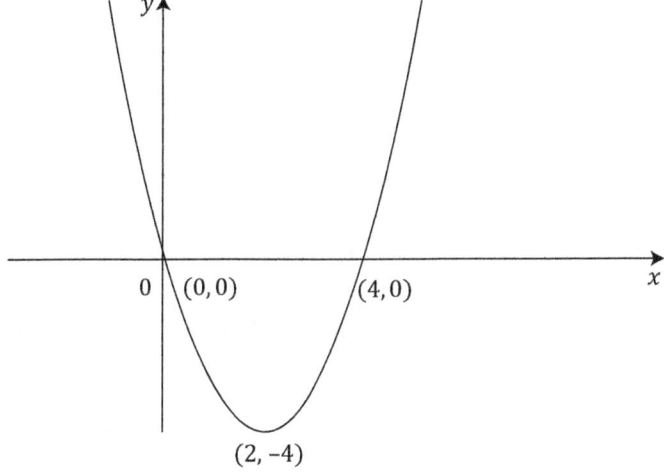

(b) Mae $y = -2f(x)$ yn adlewyrchiad yn yr echelin-x (oherwydd yr arwydd negatif) gyda hyn yn cael ei ddilyn gan estyniad sy'n baralel i'r echelin-y gyda ffactor graddfa 2. Sylwch: does dim gwahaniaeth ym mha drefn y caiff y ddau drawsffurfiad hyn eu cymhwyso at y ffwythiant gwreiddiol.

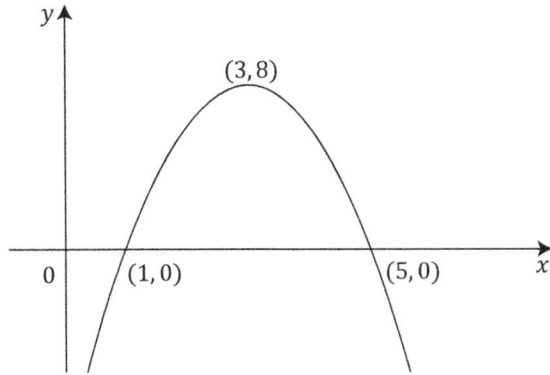

Enghraifft

② Mae Ffigur 1 yn dangos braslun o graff $y = f(x)$. Mae gan y graff bwynt macsimwm (uchafbwynt) yn $(2, 5)$ ac mae'n croestorri'r echelin-x yn y pwyntiau $(-2, 0)$ a $(6, 0)$.

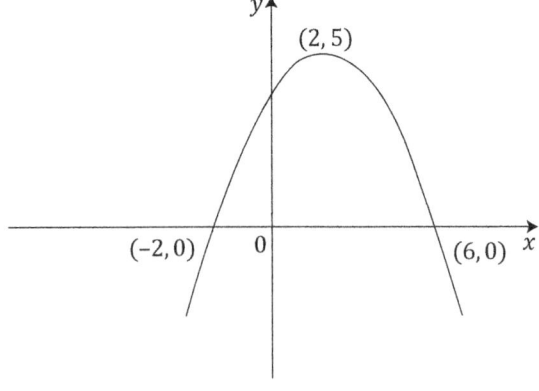

Ffigur 1

(a) Brasluniwch graff $y = f\left(\dfrac{x}{2}\right)$, gan nodi cyfesurynnau'r pwynt arhosol a chyfesurynnau croestorfannau'r graff â'r echelin-x. [3]

(b) Mae Ffigur 2 yn dangos braslun o'r graff sydd ag **un** o'r hafaliadau canlynol gyda gwerth priodol ar gyfer naill ai p, q neu r.

$y = f(x + p)$, lle mae p yn gysonyn

$y = f(x) + q$, lle mae q yn gysonyn

$y = rf(x)$, lle mae r yn gysonyn

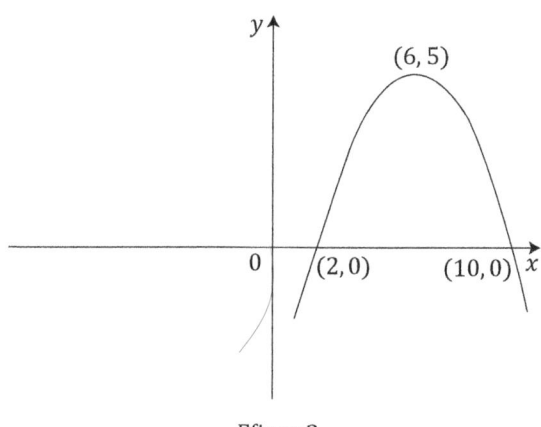

Ffigur 2

Ysgrifennwch hafaliad y graff sydd wedi'i fraslunio yn Ffigur 2, ynghyd â gwerth y cysonyn cyfatebol. [2]

(CBAC C1 Ionawr 2010 Cw9)

Ateb

② (a)

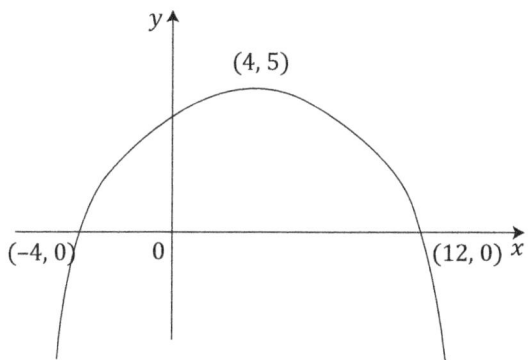

> Mae'r trawsffurfiad o $y = f(x)$ i $y = f(ax)$ yn cynrychioli estyniad unffordd gyda ffactor graddfa $\frac{1}{a}$ yn baralel i'r echelin-x.

> Yma mae'r trawsffurfiad o $y = f(x)$ i $y = f\left(\frac{x}{2}\right)$. Mae hyn yn cynrychioli estyniad unffordd gyda ffactor graddfa 2 yn baralel i'r echelin-x. Mae pob cyfesuryn-x yn cael ei luosi â 2 ond mae'r cyfesurynnau-y yn aros yr un fath.

(b)

> Mae $y = f(x + p)$ yn cynrychioli trawsfudiad o $\begin{pmatrix} -p \\ 0 \end{pmatrix}$.
>
> Mae $y = f(x) + q$ yn cynrychioli trawsfudiad o $\begin{pmatrix} 0 \\ q \end{pmatrix}$.
>
> Mae $y = rf(x)$ yn cynrychioli estyniad unffordd gyda ffactor graddfa r yn baralel i'r echelin-y.

Trwy edrych ar y ddau graff, gallwch chi weld bod y cyfesurynnau-y wedi aros yr un fath yn y graff wedi'i drawsffurfio ond bod y cyfesurynnau-x i gyd wedi symud 4 uned i'r dde. Mae hwn yn drawsfudiad o $\begin{pmatrix} 4 \\ 0 \end{pmatrix}$.
Hafaliad y gromlin wedi'i thrawsfudo yw $y = f(x - 4)$.

Cwestiynau tebyg i rai arholiad

① Dangoswch ei bod yn bosibl mynegi $x^2 - 1.2x - 3.64$ yn y ffurf $(x + p)^2 - 4$, lle mae p yn gysonyn y mae'n rhaid darganfod ei werth.

Trwy hyn, datryswch yr hafaliad cwadratig $x^2 - 1.2x - 3.64 = 0$. [5]

Ateb

① $x^2 - 1.2x - 3.64 = (x - 0.6)^2 - 0.36 - 3.64$

$$= (x - 0.6)^2 - 4$$

> Rydym ni'n cael hyn trwy gwblhau'r sgwâr.

Trwy hyn, $p = -0.6$

$x^2 - 1.2x - 3.64 = 0$

Felly $(x - 0.6)^2 - 4 = 0$

$$(x - 0.6)^2 = 4$$

$$x - 0.6 = \pm 2$$

$$x = 2 + 0.6 \text{ neu } x = -2 + 0.6$$

Trwy hyn, $x = 2.6$ neu -1.4

② O wybod bod $k \neq 1$, mae gan yr hafaliad cwadratig canlynol

$(k - 1)x^2 + kx + k = 0$

ddau wreiddyn real gwahanadwy. Dangoswch fod

$3k^2 - 4k < 0$

Darganfyddwch amrediad gwerthoedd k sy'n bodloni'r anhafaledd hwn. [5]

Ateb

② Ar gyfer gwreiddiau gwahanol a real

$b^2 - 4ac > 0$

Trwy hyn, $k^2 - 4(k - 1)(k) > 0$

$$k^2 - 4k^2 + 4k > 0$$

$$-3k^2 + 4k > 0$$

$$3k^2 - 4k < 0$$

> Cofiwch gildroi'r anhafaledd pan fyddwch chi'n rhannu â -1.

Mae ffactorio'n rhoi $k(3k - 4) < 0$.

Os caiff graff o $y = k(3k - 4)$ ei blotio gyda gwerthoedd k ar yr echelin-x, yna gan fod cyfernod k^2 yn bositif bydd y gromlin ar siâp $\cup$ ac yn croestorri'r echelin-x yn $k = 0$ a $k = \dfrac{4}{3}$.

Heb luniadu'r graff gallwch chi weld y bydd y rhan o'r graff sydd ei hangen yn is na'r echelin-x.

Trwy hyn, yr amrediad o k sy'n ofynnol yw

$$0 < k < \frac{4}{3}$$

③ Mynegwch $4x^2 - 12x + 9$ yn y ffurf $a(x + b)^2 + c$, lle mae gwerthoedd b ac c i'w darganfod. [4]

Trwy hyn, brasluniwch graff $4x^2 - 12x + 9$, gan gynnwys cyfesurynnau'r pwynt arhosol. [3]

Ateb

③ $4x^2 - 12x + 9 = 4\left[x^2 - 3x + \dfrac{9}{4}\right]$

$$= 4\left[\left(x - \frac{3}{2}\right)^2 - \frac{9}{4} + \frac{9}{4}\right]$$

$$= 4\left(x - \frac{3}{2}\right)^2$$

O gymharu'r mynegiad uchod ag $a(x + b)^2 + c$, rydym ni'n cael $a = 4$, $b = -\dfrac{3}{2}$ ac $c = 0$.

Mae graff $4\left(x - \dfrac{3}{2}\right)^2$ ar siâp $\cup$ oherwydd bod cyfernod x^2 yn bositif.

Mae $y = 4\left(x - \dfrac{3}{2}\right)^2$ ar ei bwynt minimwm pan fo $x = \dfrac{3}{2}$. Pan fo $x = \dfrac{3}{2}$, $y = 0$.

Trwy hyn, cyfesurynnau'r pwynt arhosol yw $\left(\dfrac{3}{2}, 0\right)$.

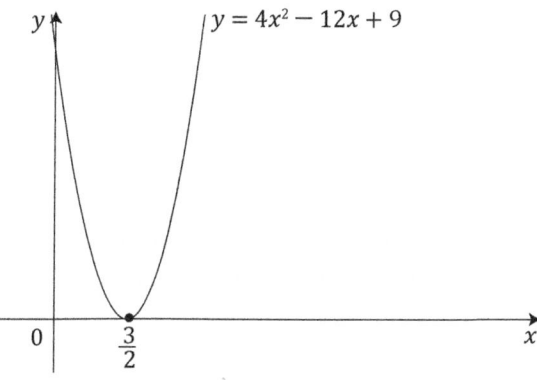

④ Datryswch yr anhafaledd $x^2 - 2x - 15 \leq 0$. [3]

Ateb

④ Mae ffactorio $x^2 - 2x - 15 = 0$ yn rhoi:

$(x - 5)(x + 3) = 0$

Trwy hyn, $x = 5$ neu -3.

Gan fod cyfernod x^2 yn bositif mae'r graff $x^2 - 2x - 15$ ar siâp $\cup$.

Nawr mae $x^2 - 2x - 15 \leq 0$. Dyma'r rhanbarth sy'n is na'r echelin-x (h.y. lle mae $y \leq 0$).

Trwy hyn, $-3 \leq x \leq 5$.

⑤ Mae'r diagram yn dangos graff $y = f(x)$. Mae gan y graff bwynt macsimwm (uchafbwynt) yn $(1, 2)$.

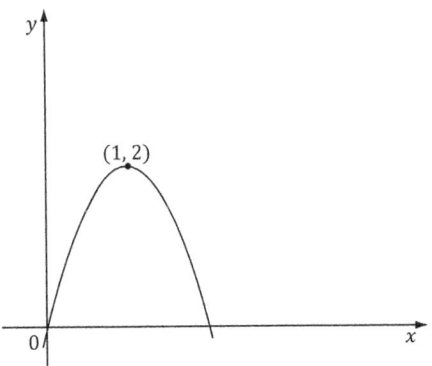

Brasluniwch y graffiau canlynol, gan ddefnyddio set wahanol o echelinau ar gyfer pob graff a nodwch ar eich graffiau gyfesurynnau'r pwynt arhosol ym mhob achos:

(a) $y = -f(x)$ [2]

(b) $y = 3f(x)$ [2]

(c) $y = f(x - 1)$ [2]

(ch) $y = f(2x)$ [2]

Ateb

⑤ (a) $y = -f(x)$

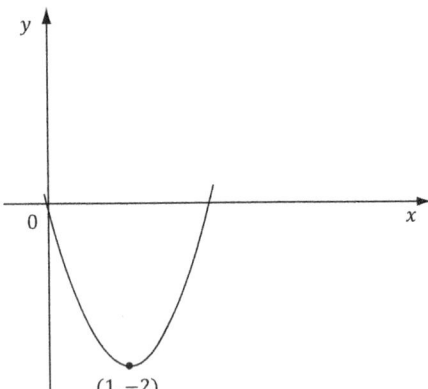

> Mae'r trawsffurfiad hwn yn cynrychioli adlewyrchiad yn yr echelin-x.

(b) $y = 3f(x)$

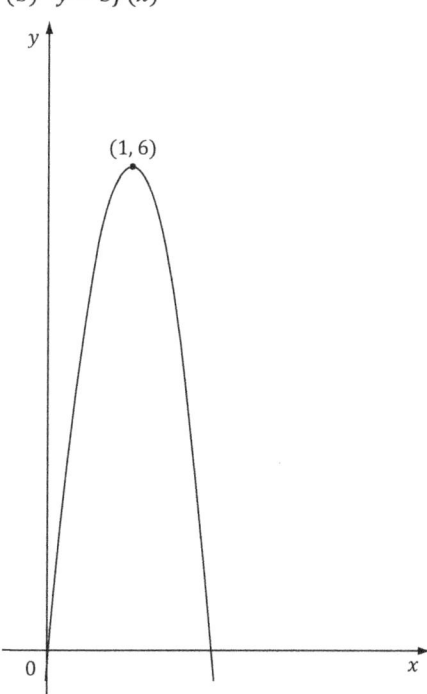

Mae'r trawsffurfiad hwn yn cynrychioli estyniad unffordd gyda ffactor graddfa 3 yn baralel i'r echelin-y.

(c) $y = f(x - 1)$

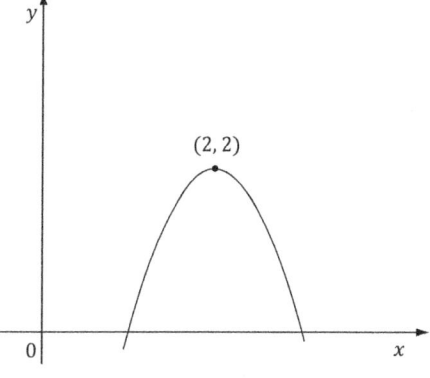

Mae'r trawsffurfiad hwn yn cynrychioli trawsfudiad o $\begin{pmatrix} 1 \\ 0 \end{pmatrix}$.

(ch) $y = f(2x)$

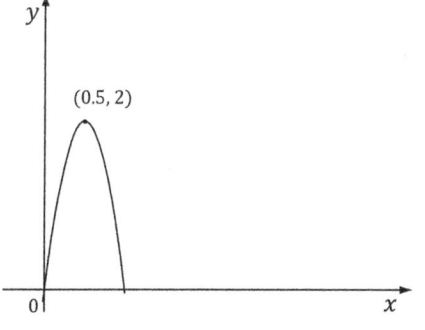

Mae'r trawsffurfiad hwn yn cynrychioli estyniad unffordd gyda ffactor graddfa $\dfrac{1}{2}$ yn baralel i'r echelin-x.

Profi eich hun

Atebwch y cwestiynau canlynol a gwiriwch eich atebion cyn symud ymlaen i'r testun nesaf.

① Darganfyddwch amrediad gwerthoedd k lle nad oes gwreiddiau real gan yr hafaliad cwadratig $kx^2 + 5x - 7 = 0$.

② Datryswch yr anhafaledd $x^2 - 6x + 8 > 0$.

③ Mynegwch $5x^2 - 20x + 10$ yn y ffurf $a(x + b)^2 + c$, lle mae a, b ac c yn gysonion y mae'n rhaid darganfod eu gwerthoedd.

④ Datryswch yr anhafaledd $1 - 3x < x + 7$.

⑤ Dangoswch fod y llinell syth $y = x + 4$ yn cyffwrdd â'r gromlin $y = x^2 - 7x + 20$ a darganfyddwch gyfesurynnau'r pwynt cyffwrdd.

(Sylwch: mae'r atebion i'r cwestiynau 'Profi eich hun' yng nghefn y llyfr.)

1. (a) Mynegwch $x^2 + 6x - 4$ yn y ffurf $(x + a)^2 + b$, lle mae gwerthoedd a, b i'w darganfod. [2]

   (b) Defnyddiwch eich canlyniadau i ran (a) i ddarganfod gwerth lleiaf $2x^2 + 12x - 8$ a gwerth cyfatebol x. [2]

   (CBAC C1 Mai 2008 Cw5)

Ateb

1. (a) $x^2 + 6x - 4 = (x + 3)^2 - 9 - 4$

      $= (x + 3)^2 - 13$

      Trwy hyn, $a = 3$ a $b = -13$.

   (b) $2x^2 + 12x - 8 = 2(x^2 + 6x - 4)$

      Sylwch fod y mynegiad yn y cromfachau yr un fath ag yn rhan (a).

      Mae defnyddio'r ateb i ran (a) yn rhoi $2[(x + 3)^2 - 13]$.

      Mae lluosi'r hyn sydd yn y cromfachau sgwâr â'r 2 sydd y tu allan i'r cromfachau yn rhoi:

      $2(x + 3)^2 - 26$

      Nawr mae'r mynegiad yn y ffurf $a(x + p)^2 + q$, lle mae $a = 2$ (sy'n bositif ac felly bydd y graff ar siâp ∪). Hefyd, bydd y fertig (pwynt minimwm yn yr achos hwn) yn $(-p, q)$ sy'n rhoi'r pwynt $(-3, -26)$.

      Trwy hyn, y gwerth lleiaf yw -26 ac mae hyn yn digwydd pan fo $x = -3$.

2. (a) (i) Mynegwch $x^2 - 5x + 8$ yn y ffurf $(x + a)^2 + b$, lle mae gwerthoedd y cysonion a, b i'w darganfod.

      (ii) Diddwythwch werth mwyaf $-x^2 + 5x - 8$. [3]

   (b) Defnyddiwch ddull algebraidd i ddatrys yr hafaliadau cydamserol $y = x^2 - x - 7$ ac $y = 2x + 3$. Ysgrifennwch ddehongliad geometregol o'ch canlyniadau. [5]

   (CBAC C1 Mai 2009 Cw4)

Ateb

2. (a) (i) $x^2 - 5x + 8 = \left(x - \dfrac{5}{2}\right)^2 - \dfrac{25}{4} + 8 = \left(x - \dfrac{5}{2}\right)^2 + \dfrac{7}{4}$

      Trwy hyn, $a = -\dfrac{5}{2}$ a $b = \dfrac{7}{4}$.

   (ii) $-x^2 + 5x - 8 = -(x^2 - 5x + 8) = -\left[\left(x - \dfrac{5}{2}\right)^2 + \dfrac{7}{4}\right]$

      Mae'r ffwythiant hwn yn adlewyrchiad o'r ffwythiant yn rhan (i) yn yr echelin-x (oherwydd yr arwydd minws).

      Mae gan y ffwythiant yn rhan (i) werth minimwm o $\dfrac{7}{4}$ yn $x = \dfrac{5}{2}$.

      Bydd gan yr adlewyrchiad yn yr echelin-x werth macsimwm o $-\dfrac{7}{4}$.

(b) Mae hafalu mynegiadau ar gyfer y yn rhoi:

$x^2 - x - 7 = 2x + 3$

$x^2 - 3x - 10 = 0$

Mae ffactorio'r hafaliad cwadratig yn rhoi:

$(x - 5)(x + 2) = 0$

Trwy hyn, $x = 5$ neu -2.

Rydym ni'n darganfod y gwerthoedd y cyfatebol trwy amnewid y ddau werth hyn yn $y = 2x + 3$.

Trwy hyn, pan fo $x = 5$, $y = 13$ a phan fo $x = -2$, $y = -1$.

Mae'r hafaliad $y = x^2 - x - 7$ yn gromlin ac mae'r hafaliad $y = 2x + 3$ yn llinell syth.

Y pwyntiau $(5, 13)$ a $(-2, -1)$ yw'r pwyntiau lle mae'r gromlin a'r llinell yn croestorri.

C&CA 3

3 (a) O wybod bod $k \neq -1$, dangoswch fod i'r hafaliad cwadratig

$(k + 1)x^2 + 2kx + (k - 1) = 0$

ddau wreiddyn real gwahanadwy. [4]

(b) Darganfyddwch amrediad gwerthoedd x sy'n bodloni'r anhafaledd

$5x^2 + 7x - 6 \leq 0$. [3]

(CBAC C1 Mai 2009 Cw6)

Ateb

3 (a) Rydym ni'n ymchwilio i wahanolyn $(k + 1)x^2 + 2kx + (k - 1) = 0$.

Mae cymharu hyn ag $ax^2 + bx + c = 0$

yn rhoi $a = k + 1$

$b = 2k$

$c = k - 1$

Gwahanolyn $b^2 - 4ac = (2k)^2 - 4(k + 1)(k - 1)$

$= 4k^2 - 4(k^2 - 1)$

$= 4k^2 - 4k^2 + 4$

$= 4$

> Pan fo $b^2 - 4ac > 0$ mae hyn yn golygu bod yna ddau wreiddyn real a gwahanol.

Oherwydd bod y gwerth hwn yn fwy na 0, mae hyn yn golygu bod yna ddau wreiddyn real a gwahanol.

(b) $5x^2 + 7x - 6 \leq 0$

Rydym ni'n ystyried yr achos lle mae $5x^2 + 7x - 6 = 0$.

Mae ffactorio'n rhoi $(5x - 3)(x + 2) = 0$.

Mae hyn yn rhoi'r gwerthoedd critigol $x = \dfrac{3}{5}$ neu -2 (dyma'r rhyngdoriadau ar yr echelin-x).

Oherwydd bod gan y gromlin $y = 5x^2 + 7x - 6$ gyfernod positif o x^2, bydd y gromlin ar siâp $\cup$.

Mae braslunio'r gromlin ar gyfer $y = 5x^2 + 7x - 6$ yn rhoi'r canlynol:

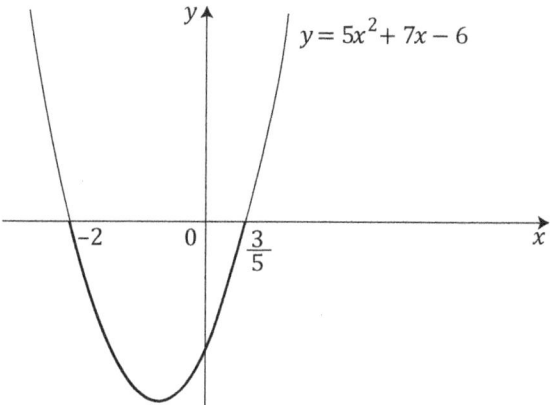

Rydym ni eisiau'r rhan o'r graff sy'n is na'r echelin-x neu sydd arni.

Mae hyn yn golygu bod x i'w chael rhwng -2 a $\dfrac{3}{5}$ yn gynhwysol. Gall hyn gael ei ysgrifennu'n fathemategol fel $-2 \leq x \leq \dfrac{3}{5}$.

C&A 4

4

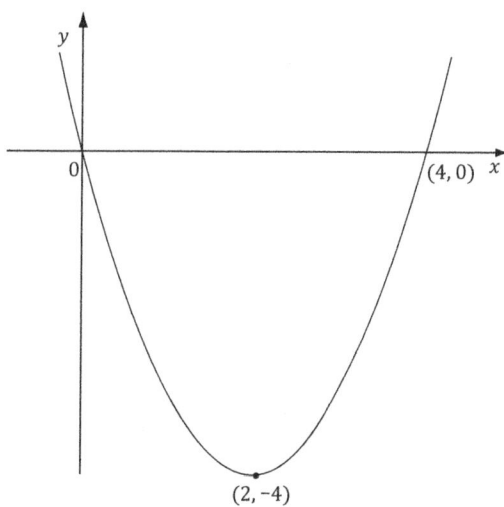

Mae'r diagram yn dangos graff $y = f(x)$. Mae'r gromlin yn mynd trwy'r tarddbwynt a'r pwynt $(4, 0)$, ac mae ganddi bwynt minimwm (isafbwynt) yn $(2, -4)$. Brasluniwch ar ddiagramau gwahanol graffiau

(a) $y = -f(x)$,   [2]

(b) $y = -f(x - 2)$,   [3]

ac ym mhob achos rhowch gyfesurynnau croestorfannau'r graff â'r echelin-x a chyfesurynnau'r pwynt arhosol.

Ateb

4 (a) Mae $y = -f(x)$ yn adlewyrchiad yn yr echelin-x o'r graff $y = f(x)$.

Bydd y pwyntiau ar yr echelin-x yn aros yn yr un lle a bydd y pwynt minimwm yn $(2, -4)$ yn cael ei adlewyrchu i fod yn bwynt macsimwm yn $(2, 4)$.

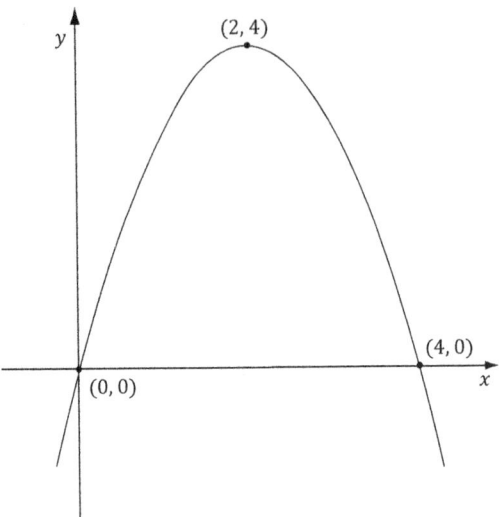

(b) Mae $y = -f(x - 2)$ yn drawsfudiad o'r graff $y = -f(x)$ yn ôl $\begin{pmatrix} 2 \\ 0 \end{pmatrix}$.

Bydd y cyfesurynnau-y yn aros yr un fath ond bydd y cyfesurynnau-x yn symud 2 uned i'r dde.

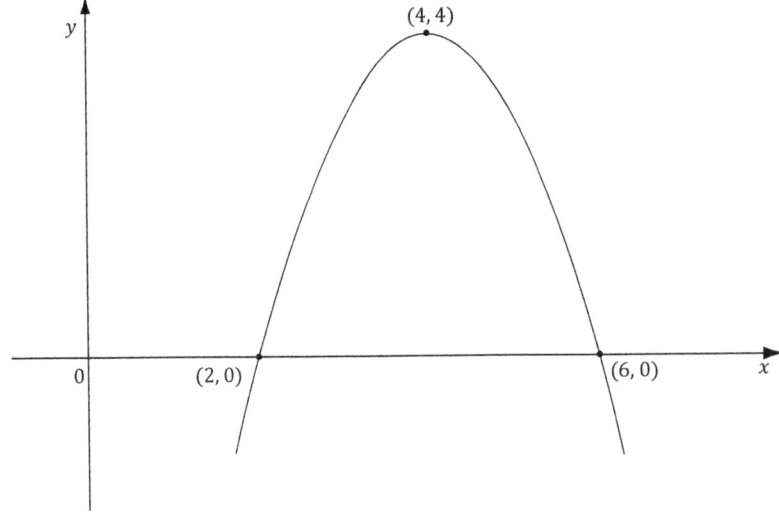

Testun 3 — Geometreg gyfesurynnol a llinellau syth

Mae'r testun hwn yn ymdrin â'r canlynol:

- Darganfod graddiant, hyd a chanolbwynt llinell syth
- Darganfod hafaliad llinell syth
- Amodau sy'n gwneud llinellau yn baralel neu'n berpendicwlar i'w gilydd

Darganfod graddiant, hafaliad, hyd a chanolbwynt llinell sy'n cysylltu dau bwynt

Darganfod graddiant llinell syth

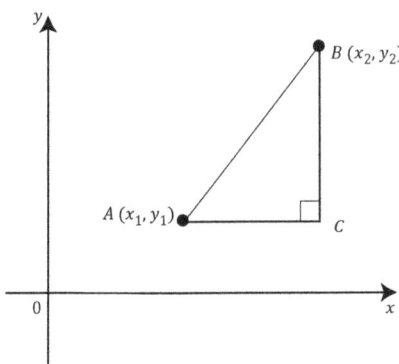

O'r graff uchod, hyd $AC = x_2 - x_1$ a hyd $BC = y_2 - y_1$.

Graddiant y llinell $AB = \dfrac{BC}{AC} = \dfrac{y_2 - y_1}{x_2 - x_1}$.

Mae graddiant y llinell sy'n cysylltu'r pwyntiau (x_1, y_1) ac (x_2, y_2) yn cael ei roi gan:

$$\text{Graddiant} = \frac{y_2 - y_1}{x_2 - x_1}$$

> Mae angen i chi gofio'r fformiwla hon gan na chaiff ei rhoi yn y llyfryn fformiwlâu.

Er enghraifft, graddiant y llinell syth AB sy'n cysylltu'r pwyntiau $A(-3, 2)$ a $B(1, 6)$ yw

$$\frac{6-2}{1-(-3)} = \frac{4}{4} = 1$$

Darganfod hyd llinell syth sy'n cysylltu dau bwynt

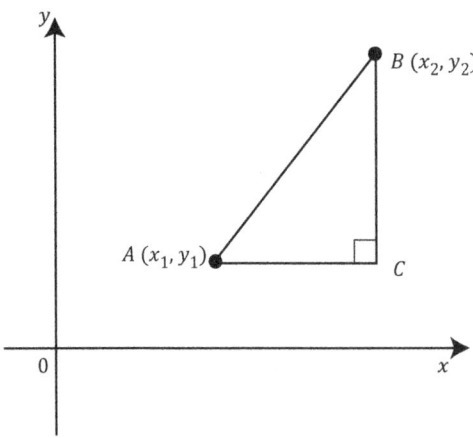

Nawr, hyd $AC = x_2 - x_1$ a hyd $BC = y_2 - y_1$.

Yn ôl Theorem Pythagoras $AB^2 = AC^2 + BC^2$.

Felly $AB^2 = (x_2 - x_1)^2 + (y_2 - y_1)^2$.

$$AB = \sqrt{(x_2 - x_1)^2 + (y_2 - y_1)^2}$$

Mae hyd llinell syth sy'n cysylltu'r ddau bwynt (x_1, y_1) ac (x_2, y_2) yn cael ei roi gan:

$$\sqrt{(x_2 - x_1)^2 + (y_2 - y_1)^2}$$

Cofiwch y fformiwla hon.

Er enghraifft, hyd y llinell syth sy'n cysylltu'r pwyntiau $A(-3, -1)$ a $B(1, 2)$ yw

$$\sqrt{(1 - (-3))^2 + (2 - (-1))^2} = \sqrt{16 + 9} = \sqrt{25} = 5 \text{ uned}$$

Darganfod canolbwynt llinell syth sy'n cysylltu dau bwynt

Mae canolbwynt llinell syth sy'n cysylltu'r pwyntiau (x_1, y_1) ac (x_2, y_2) yn cael ei roi gan:

$$\left(\frac{x_1 + x_2}{2}, \frac{y_1 + y_2}{2} \right)$$

Cofiwch y fformiwla hon.

Er enghraifft, canolbwynt y llinell sy'n cysylltu'r ddau bwynt sydd â'r cyfesurynnau $(2, 6)$ ac $(8, 4)$ yw

$$\left(\frac{2 + 8}{2}, \frac{6 + 4}{2} \right) = (5, 5)$$

Darganfod hafaliad llinell syth

I ddarganfod hafaliad llinell syth, mae angen i chi wybod graddiant y llinell (m) a chyfesurynnau pwynt (x_1, y_1) sydd ar y llinell.

Mae hafaliad llinell syth sydd â graddiant m ac sy'n mynd trwy bwynt (x_1, y_1) yn cael ei roi gan:

$$y - y_1 = m(x - x_1)$$

Cofiwch y fformiwla hon.

Er enghraifft, hafaliad y llinell syth sydd â graddiant 2 ac sy'n mynd trwy'r pwynt (2, 5) yw

$y - 5 = 2(x - 2)$

$y - 5 = 2x - 4$

Felly $y = 2x + 1$ neu $2x - y + 1 = 0$.

Sylwch fod yr hafaliad cyntaf yn y ffurf $y = mx + c$, ac felly gallwch chi weld ar unwaith y graddiant, $m = 2$, a'r rhyngdoriad ar yr echelin-y, $c = +1$.

Mae'r ail ffurf yn rhoi'r hafaliad fel $ax + by + c = 0$.

Bydd y ffurf y byddwch chi'n ei defnyddio yn dibynnu ar ba ffurf benodol mae'r cwestiwn yn gofyn i chi amdani. Os na chaiff ffurf ei nodi yn y cwestiwn, gallwch chi ddefnyddio hafaliad llinell syth ar y naill ffurf neu'r llall.

Enghraifft

① Darganfyddwch hafaliad y llinell L, sydd â graddiant 3 ac sy'n mynd trwy'r pwynt (2, 3).

Ateb

① $y - y_1 = m(x - x_1)$ lle mae $m = 3$ ac (x_1, y_1) = (2, 3).

$y - 3 = 3(x - 2)$

$y - 3 = 3x - 6$

$y = 3x - 3$

Ysgrifennwch yr hafaliad cyffredinol ar gyfer llinell syth ac yna amnewidiwch werthoedd i mewn iddo ar gyfer m, x_1 ac y_1.

Mae'r hafaliad hwn yn y ffurf $y = mx + c$. Yma, m yw'r graddiant ac c yw'r rhyngdoriad ar yr echelin-y.

Enghraifft

② Darganfyddwch hafaliad y llinell yn y ffurf $ax + by + c = 0$ sydd â graddiant 2 ac sy'n mynd trwy'r pwynt (−1, 0).

Ateb

② $y - y_1 = m(x - x_1)$ lle mae $m = 2$ ac (x_1, y_1) = (−1, 0).

$y - 0 = 2(x - (-1))$

$y = 2(x + 1)$

$y = 2x + 2$

$2x - y + 2 = 0$

Cofiwch roi'r hafaliad yn y fformat mae'r cwestiwn yn gofyn amdano.

Enghraifft

③ Darganfyddwch hyd y llinell sy'n cysylltu'r ddau bwynt $(-1, -2)$ a $(4, 10)$.

Ateb

③ Rydym ni'n defnyddio'r fformiwla ar gyfer y pellter rhwng dau bwynt:

Mae hyd llinell syth sy'n cysylltu'r ddau bwynt (x_1, y_1) ac (x_2, y_2) yn cael ei roi gan:

$$\sqrt{(x_2 - x_1)^2 + (y_2 - y_1)^2}$$

Mae amnewid y cyfesurynnau $(-1, -2)$ a $(4, 10)$ i mewn i hyn yn rhoi:

Hyd $= \sqrt{(4 - (-1))^2 + (10 - (-2))^2} = \sqrt{25 + 144} = \sqrt{169} = 13$ uned

> Cymerwch ofal wrth amnewid rhifau negatif i mewn i'r fformiwla hon. Mae'n well ychwanegu cromfachau i bwysleisio'r rhifau negatif.

Amodau sy'n gwneud dwy linell syth yn baralel neu'n berpendicwlar i'w gilydd

Amod sy'n gwneud dwy linell syth yn baralel i'w gilydd

Er mwyn i ddwy linell fod yn baralel i'w gilydd, rhaid bod ganddyn nhw'r un graddiant.

Er enghraifft, hafaliad y llinell sy'n baralel i'r llinell $y = 3x - 2$ ond sy'n croestorri'r echelin-y yn $y = 2$ yw:

$y = 3x + 2$ gan fod $m = 3$ ac $c = 2$ (h.y. gan ddefnyddio'r hafaliad $y = mx + c$).

Amod sy'n gwneud dwy linell syth yn berpendicwlar i'w gilydd

Pan fydd dwy linell yn berpendicwlar i'w gilydd (h.y. maen nhw'n gwneud ongl o 90°), lluoswm ei graddiannau yw -1.

Os graddiant un llinell yw m_1 a graddiant y llinell arall yw m_2 yna

$m_1 m_2 = -1$

Er enghraifft, os graddiant llinell syth yw $-\dfrac{1}{3}$ yna mae graddiant y llinell sy'n berpendicwlar i hon yn cael ei roi gan $\left(-\dfrac{1}{3}\right) m_2 = -1$, a thrwy hyn, graddiant $m_2 = 3$.

Enghraifft

① Darganfyddwch hafaliad y llinell L_1 sy'n mynd trwy'r pwynt $(1, 2)$ ac sy'n baralel i'r llinell L_2 sydd â'r hafaliad $2x - y + 1 = 0$.

Ateb

① Yn gyntaf darganfyddwch hafaliad y llinell L_2 yn y ffurf $y = mx + c$.

$2x - y + 1 = 0$

Felly $y = 2x + 1$

> Mae cymharu'r hafaliad hwn ag $y = mx + c$ yn rhoi'r graddiant $m = 2$.

Trwy hyn, graddiant $L_2 = 2$.

Gan fod y llinellau L_1 ac L_2 yn baralel, mae ganddyn nhw'r un graddiant sef 2.

I ddarganfod hafaliad y llinell L_1

$y - y_1 = m(x - x_1)$ lle mae $m = 2$ ac $(x_1, y_1) = (1, 2)$.

$y - 2 = 2(x - 1)$

$y = 2x$ (neu $y - 2x = 0$)

Gwella gradd

Dylech chi wirio bob tro a yw'r cwestiwn yn rhoi ffurf ar gyfer hafaliad llinell syth. Os na chaiff y ffurf ei nodi, yna mae'r naill hafaliad neu'r llall sy'n cael ei ddangos yma yn dderbyniol.

Enghraifft

② Cyfesurynnau'r pwyntiau A, B ac C yw $(1, 1)$, $(3, 3)$ a $(6, 0)$ yn ôl eu trefn.

(a) Darganfyddwch raddiant y llinell AB a graddiant y llinell BC.

(b) Profwch fod y llinellau AB a BC yn berpendicwlar i'w gilydd.

Ateb

② (a) Graddiant $AB = \dfrac{3 - 1}{3 - 1} = 1$

Graddiant $BC = \dfrac{0 - 3}{6 - 3} = -1$

Rydym ni'n darganfod y ddau raddiant gan ddefnyddio'r fformiwla:

Graddiant $= \dfrac{y_2 - y_1}{x_2 - x_1}$

(b) Lluoswm y graddiannau $= (1)(-1) = -1$.

Gan fod $m_1 m_2 = -1$, mae AB a BC yn berpendicwlar i'w gilydd.

Enghraifft

③ Cyfesurynnau'r pwyntiau A, B, C yw $(-11, 10)$, $(-5, 12)$, $(3, 8)$ yn ôl eu trefn.

Mae'r llinell L_1 yn mynd trwy'r pwynt A ac mae'n **baralel** i BC.

Mae'r llinell L_2 yn mynd trwy'r pwynt C ac mae'n **berpendicwlar** i BC.

(a) Darganfyddwch raddiant BC. [2]

(b) (i) Dangoswch mai hafaliad L_1 yw $x + 2y - 9 = 0$.

    (ii) Darganfyddwch hafaliad L_2. [6]

(c) Mae'r llinellau L_1 ac L_2 yn croestorri yn y pwynt D.

    (i) Dangoswch mai cyfesurynnau D yw $(1, 4)$.

    (ii) Darganfyddwch hyd BD.

    (iii) Darganfyddwch gyfesurynnau canolbwynt BD. [6]

(CBAC C1 Ionawr 2010 Cw1)

Ateb

③ (a) Graddiant $BC = \dfrac{8-12}{3-(-5)} = \dfrac{-4}{8} = -\dfrac{1}{2}$.

(b) (i) Graddiant y llinell $L_1 = -\dfrac{1}{2}$ gan fod y llinellau L_1 a BC yn baralel.

$m = -\dfrac{1}{2}$ ac $(x_1, y_1) = (-11, 10)$

Caiff hafaliad L_1 ei roi gan:

$y - y_1 = m(x - x_1)$

$y - 10 = -\dfrac{1}{2}\left(x - (-11)\right)$

$2y - 20 = -x - 11$

$x + 2y - 9 = 0$

(ii) Graddiant y llinell $L_2 = 2$.

Caiff hafaliad L_2 ei roi gan $y - y_1 = m(x - x_1)$, lle mae $m = 2$ ac $(x_1, y_1) = (3, 8)$.

$y - 8 = 2(x - 3)$

$y - 8 = 2x - 6$

$2x - y + 2 = 0$

> Yma rydym ni'n defnyddio'r ffaith mai lluoswm graddiannau llinellau perpendicwlar yw -1.

(c) (i) Rydym ni'n datrys hafaliadau'r llinellau L_1 ac L_2 yn gydamserol i ddarganfod y croestorfan.

$x + 2y - 9 = 0$ (1)

$2x - y + 2 = 0$ (2)

Rydym ni'n lluosi hafaliad (1) â 2:

$2x + 4y - 18 = 0$

$2x - y + 2 = 0$

Mae tynnu un hafaliad o'r llall yn rhoi:

$5y - 20 = 0$

$y = 4$

Mae amnewid $y = 4$ i mewn i hafaliad (1) yn rhoi:

$x + 8 - 9 = 0$

$x - 1 = 0$

$x = 1$

Rydym ni'n gwirio trwy amnewid gwerthoedd x ac y i mewn i hafaliad (2).

Ochr chwith $= 2x - y + 2$

$= 2(1) - 4 + 2 = 0 =$ Ochr dde

Trwy hyn, D yw'r pwynt $(1, 4)$.

Gwella gradd

Mae'n cael ei gymryd yn ganiataol bod myfyrwyr safon UG yn gallu datrys hafaliadau cydamserol. Efallai y bydd angen i chi edrych eto ar eich gwaith TGAU i wneud yn siŵr y gallwch chi eu gwneud nhw.

> Dylech chi bob tro wirio gwerthoedd x ac y trwy eu hamnewid nhw i mewn i'r hafaliad nad ydych chi wedi ei ddefnyddio eisoes ar gyfer yr amnewid.

(ii) Mae hyd llinell syth sy'n cysylltu'r ddau bwynt (x_1, y_1) ac (x_2, y_2) yn cael ei roi gan:

$$\sqrt{(x_2 - x_1)^2 + (y_2 - y_1)^2}$$

Hyd $BD = \sqrt{(-5-1)^2 + (12-4)^2}$

$$= \sqrt{36 + 64}$$
$$= \sqrt{100}$$
$$= 10$$

(iii) Mae canolbwynt llinell sy'n cysylltu'r pwyntiau (x_1, y_1) ac (x_2, y_2) yn cael ei roi gan:

$$\left(\frac{x_1 + x_2}{2}, \frac{y_1 + y_2}{2} \right)$$

Canolbwynt $BD = \left(\dfrac{-5+1}{2}, \dfrac{12+4}{2} \right) = (-2, 8)$.

Cwestiynau tebyg i rai arholiad

① Mae llinell yn mynd trwy'r pwyntiau $A(1, -1)$ a $B(3, 4)$.

(a) Darganfyddwch raddiant y llinell AB. [2]

(b) Darganfyddwch gyfesurynnau C, canolbwynt AB. [2]

(c) Mae'r llinell L yn berpendicwlar i'r llinell AB ac yn mynd trwy'r pwynt C.

Darganfyddwch hafaliad y llinell L. [3]

Ateb

① (a) Graddiant $= \dfrac{y_2 - y_1}{x_2 - x_1} = \dfrac{4 - (-1)}{3 - 1} = \dfrac{5}{2}$

(b) Mae canolbwynt llinell sy'n cysylltu'r pwyntiau (x_1, y_1) ac (x_2, y_2) yn cael ei roi gan:

$$\left(\frac{x_1 + x_2}{2}, \frac{y_1 + y_2}{2} \right)$$

Trwy hyn, canolbwynt $AB = \left(\dfrac{1+3}{2}, \dfrac{-1+4}{2} \right) = \left(2, \dfrac{3}{2} \right)$.

(c) Lluoswm graddiannau llinellau perpendicwlar yw -1. Trwy hyn,

$$m\left(\frac{5}{2} \right) = -1$$

Mae hyn yn rhoi $m = -\dfrac{2}{5}$.

Hafaliad y llinell syth L sydd â graddiant $-\dfrac{2}{5}$

ac sy'n mynd trwy'r pwynt $\left(2, \dfrac{3}{2}\right)$ yw: $y - \dfrac{3}{2} = -\dfrac{2}{5}(x-2)$

> Lle mae ffracsiynau fel hyn, lluoswch y ddwy ochr â'r enwadur cyffredin lleiaf.

Mae lluosi trwodd â 10 yn rhoi:

$10y - 15 = -4(x-2)$

$10y - 15 = -4x + 8$

$4x + 10y - 23 = 0$

---

② Cyfesurynnau'r pwyntiau A, B, C, D yw $(-4, 4), (-1, 3), (0, 1), (k, 0)$ yn ôl eu trefn.

Mae'r llinell syth CD yn baralel i'r llinell syth AB.

(a) Darganfyddwch raddiant AB. [2]

(b) Darganfyddwch raddiant CD a thrwy hyn darganfyddwch werth y cysonyn k. [3]

(c) Mae'r llinell L yn berpendicwlar i CD ac yn mynd trwy'r pwynt C. Darganfyddwch hafaliad y llinell L yn y ffurf $ax + by + c = 0$. [2]

Ateb

② (a) Graddiant $AB = \dfrac{y_2 - y_1}{x_2 - x_1} = \dfrac{3-4}{-1-(-4)} = -\dfrac{1}{3}$.

(b) Graddiant $CD = \dfrac{y_2 - y_1}{x_2 - x_1} = \dfrac{0-1}{k-0} = -\dfrac{1}{k}$.

Gan fod y llinell CD yn baralel i AB mae'r graddiannau'n hafal.

Trwy hyn, $-\dfrac{1}{3} = -\dfrac{1}{k}$.

> Caiff y graddiannau eu hafalu yma.

Mae hyn yn rhoi $k = 3$.

(c) Gan fod y llinell L yn berpendicwlar i CD, lluoswm eu graddiannau yw -1.

$\left(-\dfrac{1}{3}\right)m_2 = -1$

Mae hyn yn rhoi graddiant $L = 3$.

Hafaliad y llinell L yw:

$y - 1 = 3(x - 0)$

$y = 3x + 1$

Trwy hyn, $3x - y + 1 = 0$.

 Gwella gradd
Byddai gadael yr hafaliad yn y ffurf $y = mx + c$ (h.y. $y = 3x + 1$) yn colli marc i chi yma oherwydd bod y cwestiwn yn gofyn am roi'r hafaliad yn y ffurf $ax + by + c = 0$.

Profi eich hun

Atebwch y cwestiynau canlynol a gwiriwch eich atebion cyn symud ymlaen i'r testun nesaf.

① Cyfesurynnau'r pwyntiau A, B, C, D yw $(1, 0)$, $(4, 1)$, $(-1, 3)$, $(2, 4)$ yn ôl eu trefn.

    (a) Dangoswch fod y llinellau AB a CD yn baralel.

    (b) Darganfyddwch hafaliad AB yn y ffurf $ax + by + c = 0$.

② Cyfesurynnau'r pwyntiau A a B yw $(-7, 4)$ a $(k, -1)$ yn ôl eu trefn.

    (a) Os graddiant $AB = -\dfrac{1}{2}$, darganfyddwch werth y cysonyn k.

    (b) Mae'r llinell BC yn berpendicwlar i AB. Darganfyddwch hafaliad y llinell BC.

③ Cyfesurynnau'r pwyntiau A, B, C yw $(-3, 2)$, $(1, 6)$, $(6, 1)$.

    (a) Dangoswch fod AB yn berpendicwlar i BC.

    (b) Darganfyddwch hyd AB a hyd BC.

    (c) Darganfyddwch werth Tan $A\hat{C}B$ yn y ffurf $\dfrac{a}{b}$.

(Sylwch: mae'r atebion i'r cwestiynau 'Profi eich hun' yng nghefn y llyfr.)

1   Cyfesurynnau'r pwyntiau A, B, C, D yw $(-7, 4)$, $(3, -1)$, $(6, 1)$, $(k, -15)$ yn ôl eu trefn.

(a) Darganfyddwch raddiant AB. [2]

(b) Darganfyddwch hafaliad AB a symleiddiwch eich ateb. [3]

(c) Darganfyddwch hyd AB. [2]

(ch) Dynodir canolbwynt AB gan E. Darganfyddwch gyfesurynnau E. [2]

(d) O wybod bod CD yn berpendicwlar i AB, darganfyddwch werth y cysonyn k. [4]

(CBAC C1 Mai 2008 Cw1)

Ateb

1   (a) Graddiant $AB = \dfrac{y_2 - y_1}{x_2 - x_1} = \dfrac{4 - (-1)}{-7 - 3} = -\dfrac{1}{2}$.

> Cymerwch ofal gyda'r arwyddion wrth ddefnyddio'r fformiwla hon. Ychwanegwch gromfachau at y cyfesurynnau negatif i'w pwysleisio nhw.

(b) Mae hafaliad llinell syth sy'n mynd trwy $(-7, 4)$ ac sydd â graddiant $-\frac{1}{2}$ yn cael ei roi gan:

$y - y_1 = m(x - x_1)$ lle mae $m = -\frac{1}{2}$ ac $(x_1, y_1) = (-7, 4)$

$y - 4 = -\frac{1}{2}\,(x - (-7))$

$2y - 8 = -x - 7$

$x + 2y - 1 = 0$

(c) Mae hyd llinell syth sy'n cysylltu'r ddau bwynt (x_1, y_1) ac (x_2, y_2) yn cael ei roi gan:

$\sqrt{(x_2 - x_1)^2 + (y_2 - y_1)^2}$

Mae amnewid y cyfesurynnau $(-7, 4)$ a $(3, -1)$ i mewn i hyn yn rhoi:

Hyd $AB = \sqrt{(3 - (-7))^2 + (-1 - 4)^2} = \sqrt{100 + 25} = \sqrt{125} = 5\sqrt{5}$ uned

(ch) Mae canolbwynt llinell sy'n cysylltu'r pwyntiau (x_1, y_1) ac (x_2, y_2) yn cael ei roi gan:

$\left(\dfrac{x_1 + x_2}{2}, \dfrac{y_1 + y_2}{2}\right)$

Trwy hyn, canolbwynt E y llinell $AB - \left(\dfrac{-7 + 3}{2}, \dfrac{4 + (-1)}{2}\right) = \left(-2, \dfrac{3}{2}\right)$.

(d) Os yw CD yn berpendicwlar i AB yna mae lluoswm y graddiannau yn hafal i -1.

$m_1 m_2 = -1$

$\left(-\dfrac{1}{2}\right)m_2 = -1$

Mae hyn yn rhoi graddiant $CD = 2$.

Mae darganfod y graddiant gan ddefnyddio cyfesurynnau $C(6, 1)$ a $D(k, -15)$ yn rhoi:

Graddiant $CD = \dfrac{y_2 - y_1}{x_2 - x_1} = \dfrac{-15 - 1}{k - 6}$.

Trwy hyn, $\dfrac{-15 - 1}{k - 6} = 2$

$-16 = 2(k - 6)$

$-16 = 2k - 12$

$k = -2$

> Graddiant $CD = 2$, felly rydym ni'n gallu llunio hafaliad.

Testun 4 — Polynomialau a'r ehangiad binomaidd

Mae'r testun hwn yn ymdrin â'r canlynol:

- Defnyddio algebra i drin polynomialau, gan gynnwys ehangu cromfachau a chasglu termau tebyg, ffactorio a rhannu algebraidd syml
- Defnyddio theorem y gweddill a theorem y ffactor
- Ehangiad binomaidd $(a + b)^n$ ac $(1 + x)^n$ ar gyfer gwerthoedd cyfanrifol positif o n
- Defnyddio $\binom{n}{r}$ ac $n!$

Defnyddio algebra i drin polynomialau

Yn y testun hwn byddwch chi'n ymdrin â thrin polynomialau fel $27x^3 + 9x^2 - 3x + 7$ a hefyd yn dysgu am ehangiad binomaidd $(1 + x)^n$ ar gyfer gwerthoedd cyfanrifol positif o n.

Mae angen cryn dipyn o drin algebraidd, felly efallai y bydd angen i chi ymarfer rhai o'r sgiliau y gwnaethoch chi eu dysgu fel rhan o'ch cwrs TGAU.

Ehangu cromfachau a chasglu termau tebyg

Dyma rai enghreifftiau o bolynomialau. Sylwch ar y ffordd mae pob un wedi'i drefnu yn ôl pwerau disgynnol o x. Y radd yw pŵer uchaf x yn y mynegiad.

$4x - 9$	– polynomial gradd 1 neu fynegiad llinol
$2x^2 + 6x - 1$	– polynomial gradd 2 neu fynegiad cwadratig
$5x^3 + 3x^2 - 2x + 6$	– polynomial gradd 3 neu fynegiad ciwbig

Dim ond termau tebyg y gallwch chi eu hadio neu eu tynnu pan fyddwch chi'n symleiddio mynegiad. Termau tebyg yw termau sydd â llythrennau unfath a phwerau unfath. Er enghraifft ni allwch chi adio $4x^2 y$ at $5xy$.

Enghreifftiau

① $4x^3 + 6x^2y + x^2y + 5xy - xy^2 + xy - 2x^3 = 2x^3 + 7x^2y + 6xy - xy^2$

② $a + ab + ba + b^2 - a - 4b^2 = 2ab - 3b^2$

> Mae ab a ba yr un fath ac felly gallwn ni eu hadio.

③ $x(x^2 + 2x - 1) + 2x(x - 3) = x^3 + 2x^2 - x + 2x^2 - 6x$
$$= x^3 + 4x^2 - 7x$$

④ Ehangwch a symleiddiwch y cromfachau yn y mynegiad canlynol:

$(x + 2)(x - 3)(x + 4)$
$= (x + 2)(x^2 + 4x - 3x - 12)$
$= (x + 2)(x^2 + x - 12)$
$= x^3 + x^2 - 12x + 2x^2 + 2x - 24 = x^3 + 3x^2 - 10x - 24$

> Yma rydym ni'n lluosi'r ddau bâr olaf o gromfachau yn gyntaf i roi mynegiad cwadratig. Yna rydym ni'n lluosi hwn â'r hyn sydd yn y cromfachau cyntaf i roi'r ateb terfynol. Nid yw trefn lluosi'r cromfachau yn bwysig.

Ffactorio

Ffactorio yw'r gwrthwyneb i ehangu cromfachau. Mae'r ffactor cyffredin mwyaf yn cael ei roi y tu allan i'r cromfachau. Rydym ni'n rhannu pob term â'r ffactor cyffredin mwyaf ac yn ysgrifennu'r canlyniad y tu mewn i'r cromfachau.

Enghreifftiau

Ffactoriwch y canlynol:

① $x^2y - xy = xy(x - 1)$

② $24x^3y^2z + 6x^2y - 18x^2 = 6x^2(4xy^2z + y - 3)$

③ $15a^2b - 12ab = 3ab(5a - 4)$

Y gwahaniaeth rhwng dau sgwâr

Rhaid i'r ddau derm fod yn sgwariau perffaith er mwyn i ni allu darganfod yr ail isradd yn hawdd. Sylwch mai dim ond pan fydd arwydd minws rhwng y ddau derm y bydd hyn yn gweithio.

$x^2 - y^2 = (x + y)(x - y)$

$4x^2 - 9y^2 = (2x + 3y)(2x - 3y)$

$16x^2 - 25 = (4x + 5)(4x - 5)$

> Rydym ni'n darganfod ail isradd pob term ac yn eu rhoi nhw mewn cromfachau fel hyn gyda'r naill ag arwydd + rhwng y termau a'r llall ag arwydd −.

Dylech chi ddysgu'r fformiwla ganlynol ar gyfer y gwahaniaeth rhwng dau sgwâr:

$a^2 - b^2 = (a + b)(a - b)$

⩘ Gwella gradd

Dylech chi wirio eich ffactorio bob tro trwy luosi'r cromfachau. Mae'n hawdd gwneud camgymeriad, yn enwedig gydag arwyddion.

Rhannu algebraidd

Pan fyddwn ni'n rhannu 25 â 4 y cyniferydd yw 6 a'r gweddill yw 1. Gallwn ni ysgrifennu'r rhif 25 yn y ffordd ganlynol:

$25 = 4 \times 6 + 1$

Gallwn ni gymhwyso hyn at algebra fel hyn:

Darganfyddwch y cyniferydd a'r gweddill pan fydd $x^2 + 5x - 8$ yn cael ei rannu â $x - 2$.

$x^2 + 5x - 8 = (x - 2)(ax + b) + c$ ac yma $ax + b$ yw'r cyniferydd ac c yw'r gweddill.

$$= ax^2 + bx - 2ax - 2b + c$$
$$= ax^2 + (b - 2a)x - 2b + c$$

Mae cymharu hyn â'r mynegiad gwreiddiol a hafalu cyfernodau x^2 yn rhoi $a = 1$.

Mae hafalu cyfernodau x yn rhoi $5 = b - 2a$. Gan fod $a = 1$, mae datrys yn rhoi $b = 7$.

Mae hafalu'r cysonion yn rhoi $-2b + c = -8$. Gan fod $b = 7$, mae $c = 6$.

Trwy hyn, y cyniferydd (h.y. $ax + b$) yw $x + 7$ a'r gweddill (h.y. c) yw 6.

Sylwch fod $x^2 + 5x - 8 = (x - 2)(x + 7) + 6$.

> Cyfernodau x, x^2, x^3 ac yn y blaen, yw'r rhifau sydd o flaen y termau hyn. Y term sy'n annibynnol ar x yw'r rhif sydd heb ddim x (h.y. y cysonyn).

Theorem y gweddill

Yn ôl theorem y gweddill:

Os caiff polynomial $f(x)$ ei rannu â $(x - a)$, y gweddill yw $f(a)$.

Er enghraifft, os caiff $f(x) = x^3 + 2x^2 - x + 1$ ei rannu â $x - 1$ y gweddill fydd $f(1)$.

Gweddill $= f(1) = 1^3 + 2(1)^2 - 1 + 1 = 3$.

Enghraifft

① Darganfyddwch y gweddill pan gaiff $x^3 + x^2 + x - 2$ ei rannu â $x - 1$.

Ateb

① Gadewch i $f(x) = x^3 + x^2 + x - 2$.

Os caiff $f(x) = x^3 + x^2 + x - 2$ ei rannu â $x - 1$, y gweddill yw $f(1)$.

> Dyma theorem y gweddill.

$f(1) = 1^3 + 1^2 + 1 - 2 = 1$

Trwy hyn, gweddill $= 1$.

Enghraifft

② Darganfyddwch y gweddill pan gaiff $27x^3 + 9x^2 - 3x + 7$ ei rannu â $3x - 1$.

Ateb

② Gadewch i $f(x) = 27x^3 + 9x^2 - 3x + 7$.

> I ddarganfod gwerth x sydd i'w amnewid i mewn i'r ffwythiant, rydym ni'n gadael i $3x - 1 = 0$ ac yna'n datrys ar gyfer x. Mae hyn yn rhoi $x = \dfrac{1}{3}$.

$f\left(\dfrac{1}{3}\right) = 27\left(\dfrac{1}{3}\right)^3 + 9\left(\dfrac{1}{3}\right)^2 - 3\left(\dfrac{1}{3}\right) + 7 = 1 + 1 - 1 + 7 = 8$

Trwy hyn, gweddill $= 8$.

Theorem y ffactor

Mae achos arbennig o theorem y gweddill yn digwydd pan nad oes gweddill, h.y. $f(a) = 0$.

Ar gyfer polynomial $f(x)$, os yw $f(a) = 0$ yna mae $(x - a)$ yn ffactor o $f(x)$.

Er enghraifft, mewn polynomial $f(x)$, os yw $f(5) = 0$, yna mae $(x - 5)$ yn ffactor o $f(x)$.

Os ar gyfer yr un polynomial mae $f(-2) = 0$, yna mae $(x + 2)$ hefyd yn ffactor $f(x)$.

Enghreifftiau

① Profwch fod $x + 3$ yn ffactor o'r polynomial

$2x^3 + x^2 - 13x + 6$

> Os yw $x + 3$ yn ffactor, yna pan fydd $x = -3$ yn cael ei amnewid i mewn i $f(x)$, ni fydd gweddill.

Ateb

① Gadewch i $f(x) = 2x^3 + x^2 - 13x + 6$.

Os yw $x + 3$ yn ffactor, yna dylai $f(-3)$ fod yn sero.

$f(-3) = 2(-3)^3 + (-3)^2 - 13(-3) + 6 = -54 + 9 + 39 + 6 = 0$

Trwy hyn, mae $x + 3$ yn ffactor.

② Profwch **nad** yw $x - 2$ yn ffactor o'r ffwythiant.

Ateb

② $f(x) = 3x^3 - 2x^2 + x + 2$

$f(2) = 3(2)^3 - 2(2)^2 + 2 + 2 = 20$

Gan fod $f(2) \neq 0$ yna nid yw $x - 2$ yn ffactor o'r ffwythiant.

Gwella gradd

Darllenwch y cwestiwn yn ofalus bob tro. Byddai'n hawdd colli'r gair 'nad' yn y cwestiwn hwn.

Ffactorio polynomial

Tybiwch fod ffwythiant $f(x)$ yn cael ei ddiffinio gan $f(x) = x^3 - 3x^2 - x + 3$.

Er mwyn ffactorio'r ffwythiant mae angen darganfod ffactor yn gyntaf.

Gadewch i ni dybio bod $(x + 1)$ yn ffactor. Gallwn ni weld a yw'n ffactor trwy amnewid $x = -1$ i mewn i'r ffwythiant. Os nad oes gweddill yna mae $(x + 1)$ yn ffactor.

$f(-1) = (-1)^3 - 3(-1)^2 - (-1) + 3 = -1 - 3 + 1 + 3 = 0$

Trwy hyn, mae $(x + 1)$ yn ffactor.

Nawr gallwn ni ysgrifennu'r ffwythiant yn y ffordd ganlynol:

$f(x) = (x + 1)(ax^2 + bx + c) = x^3 - 3x^2 - x + 3$

Mae hafalu cyfernodau x^3 yn rhoi $a = 1$.

Mae hafalu'r cysonion yn rhoi $c = 3$.

Mae hafalu cyfernodau x yn rhoi $c + b = -1$, felly $b = -4$.

Gallwn ni amnewid y gwerthoedd hyn i mewn, sy'n rhoi:

$f(x) = (x + 1)(x^2 - 4x + 3)$

Yna rydym ni'n ffactorio'r hyn sydd yn yr ail o'r cromfachau. Mae hyn yn rhoi:

$f(x) = (x + 1)(x - 3)(x - 1)$

> Rydym ni'n lluosi pob term yn y cyntaf o'r cromfachau â phob term yn yr ail o'r cromfachau.

Gwella gradd

Yma rydym ni wedi hafalu tri o'r pedwar term. Gallwn ni hafalu'r pedwerydd term fel gwiriad – yn yr achos hwn cyfernodau x^2. Mae hafalu'r rhain yn rhoi $b + a = -3$. Gallwn ni amnewid y gwerthoedd yn $b + a = -4 + 1 = -3$.

Dull ychydig yn wahanol o ddarganfod y ffactor cwadratig fyddai ysgrifennu'r term x^2 a'r cysonyn trwy archwiliad, e.e. $x^3 - 3x^2 - x + 3 = (x + 1)(x^2 + ax + 3)$ gan ei bod yn amlwg bod $x \times x^2 = x^3$ ac $1 \times 3 = 3$. Yna dim ond un cyfernod anhysbys sydd i'w ddarganfod. Mae hafalu cyfernodau x^2 neu x yn ddigon i ddarganfod y cyfernod x anhysbys hwn yn y ffactor cwadratig – a byddai gwneud y ddau yn wiriad defnyddiol.

Enghraifft

① Mae'r polynomial $f(x)$ wedi'i ddiffinio gan $f(x) = 2x^3 + 11x^2 + 4x - 5$.

  (a) (i) Enrhifwch $f(-2)$.

      (ii) Gan ddefnyddio eich ateb i ran (i), ysgrifennwch **un** ffaith y gallwch ei diddwytho am $f(x)$.   [2]

  (b) Datryswch yr hafaliad $f(x) = 0$.   [6]

    (CBAC C1 Ionawr 2010 Cw8)

Ateb

① (a) (i) $f(x) = 2x^3 + 11x^2 + 4x - 5$

         $f(-2) = 2(-2)^3 + 11(-2)^2 + 4(-2) - 5 = 15$

> Os yw $f(-2) = 0$, yna mae $(x + 2)$ yn ffactor. Os oes gweddill, yna nid yw'n ffactor.

(ii)   Gan fod gweddill, mae hyn yn golygu nad yw $(x + 2)$ yn ffactor o $2x^3 + 11x^2 + 4x - 5$.

(b)   Gan ddefnyddio gwerthoedd sy'n ffactorau'r cysonyn, (5), rydym ni'n amnewid gwerthoedd x i mewn i'r ffwythiant hyd nes i'r ffwythiant fod yn hafal i sero.

Rydym ni'n dechrau o $f(1)$, $f(-1)$, $f(5)$ ac yn y blaen.

$f(1) = 2(1)^3 + 11(1)^2 + 4(1) - 5 = 12$

$f(-1) = 2(-1)^3 + 11(-1)^2 + 4(-1) - 5 = 0$

Trwy hyn, mae $(x + 1)$ yn ffactor.

Gan mai $(x + 1)$ yw un o'r ffactorau, gallwn ni ysgrifennu'r ffwythiant gwreiddiol fel hyn:

$2x^3 + 11x^2 + 4x - 5 = (x + 1)(ax^2 + bx + c)$

Mae hafalu cyfernodau x^3 yn rhoi $a = 2$.

Mae hafalu'r cysonion yn rhoi $c = -5$.

Mae hafalu cyfernodau x^2 yn rhoi:

$b + a = 11$, felly $b = 9$.

Trwy hyn, $2x^3 + 11x^2 + 4x - 5 =$
$(x + 1)(2x^2 + 9x - 5)$

Mae ffactorio'r rhan gwadratig yn ddau ffactor yn rhoi:

$(x + 1)(2x - 1)(x + 5)$

Trwy hyn, $f(x) = (x + 1)(2x - 1)(x + 5) = 0$.

Y datrysiadau yw $x = -1, \dfrac{1}{2}$ neu -5.

> Pan fyddwch chi'n nodi'r ffactor, cofiwch gildroi arwydd y rhif sy'n rhoi gwerth sero.

> **Gwella gradd**
>
> Rhaid i chi allu ffactorio mynegiadau cwadratig yn gyflym ac yn gywir. Dylech chi ymarfer y rhain gan ddefnyddio gwerslyfr TGAU.

> Amnewidiwch y cromfachau i gyd yn eu tro yn hafal i sero a datryswch ar gyfer x i gael y datrysiad.

Enghraifft

②   (a)   Darganfyddwch y gweddill pan gaiff $x^3 - 17$ ei rannu â $x - 3$.   [2]

(b)   Datryswch yr hafaliad $6x^3 - 7x^2 - 14x + 8 = 0$.   [6]

(CBAC C1 Ionawr 2009 Cw7)

Ateb

②   (a)   Gadewch i $f(x) = x^3 - 17$.

$f(3) = 3^3 - 17 = 10$, trwy hyn gweddill $= 10$.

(b)   Gadewch i $f(x) = 6x^3 - 7x^2 - 14x + 8$.

$f(1) = 6(1)^3 - 7(1)^2 - 14(1) + 8 = -7$

$f(-1) = 6(-1)^3 - 7(-1)^2 - 14(-1) + 8 = 9$

$f(2) = 6(2)^3 - 7(2)^2 - 14(2) + 8 = 0$, trwy hyn mae $(x - 2)$ yn ffactor o $f(x)$

$(x - 2)(ax^2 + bx + c) = 6x^3 - 7x^2 - 14x + 8$

Mae hafalu cyfernodau x^3 yn rhoi $a = 6$.

Mae hafalu'r cysonion yn rhoi $-2c = 8$, felly $c = -4$.

> Rhaid i chi ddefnyddio dull profi a methu trwy amnewid gwerthoedd 1, −1, 2, −2, ac yn y blaen, i mewn hyd nes y byddwch chi'n darganfod gwerth sy'n rhoi sero pan gaiff ei amnewid i mewn i'r ffwythiant ar gyfer x. Dylech chi gynnig gwerthoedd sy'n ffactorau'r cysonyn (8).

Mae hafalu cyfernodau x^2 yn rhoi $b - 2a = -7$, felly $b = 5$.

Felly rydym ni'n ffactorio'r hafaliad yn:

$(x - 2)(6x^2 + 5x - 4) = (x - 2)(3x + 4)(2x - 1)$

$(x - 2)(3x + 4)(2x - 1) = 0$

Mae datrys yn rhoi $x = 2, -\dfrac{4}{3}$ neu $\dfrac{1}{2}$.

Enghraifft

③ (a) O wybod bod $x + 2$ yn ffactor o $12x^3 + kx^2 - 13x - 6$, ysgrifennwch hafaliad y mae k yn ei fodloni. Trwy hyn, dangoswch fod $k = 19$. [2]

(b) Ffactoriwch $12x^3 + 19x^2 - 13x - 6$. [3]

(c) Darganfyddwch y gweddill pan gaiff $12x^3 + 19x^2 - 13x - 6$ ei rannu â $2x - 1$. [2]

(CBAC C1 Mai 2010 Cw8)

Ateb

③ (a) Os yw $x + 2$ yn ffactor, yna pan fyddwn ni'n amnewid $x = -2$ i mewn i'r ffwythiant, bydd y ffwythiant yn hafal i sero.

Gadewch i $f(x) = 12x^3 + kx^2 - 13x - 6$.

$f(-2) = 12(-2)^3 + k(-2)^2 - 13(-2) - 6 = 0$

$\qquad -96 + 4k + 26 - 6 = 0$

$\qquad 4k - 76 = 0$

$\qquad k = 19$

(b) Sylwch mai'r un hafaliad yw hwn â'r hafaliad yn rhan (a) gydag 19 wedi'i roi i mewn ar gyfer k.

Trwy hyn, rydym ni'n gwybod bod $(x + 2)$ yn ffactor.

Felly, $(x + 2)(ax^2 + bx + c) = 12x^3 + 19x^2 - 13x - 6$.

Mae hafalu cyfernodau x^3 yn rhoi $a = 12$.

Mae hafalu cyfernodau x^2 yn rhoi $b + 2a = 19$

$\qquad\qquad b + 24 = 19$

$\qquad\qquad b = -5$

> Gydag ymarfer byddwch chi'n gallu darganfod gwerthoedd a, b ac c yn gyflym trwy archwiliad.

Mae hafalu'r cysonion yn rhoi $2c = -6$, felly $c = -3$.

Trwy hyn, $12x^3 + 19x^2 - 13x - 6 = (x + 2)(12x^2 - 5x - 3)$

$\qquad\qquad\qquad\qquad\qquad = (x + 2)(4x - 3)(3x + 1)$

(c) $f(x) = 12x^3 + 19x^2 - 13x - 6$

$f\left(\dfrac{1}{2}\right) = 12\left(\dfrac{1}{2}\right)^3 + 19\left(\dfrac{1}{2}\right)^2 - 13\left(\dfrac{1}{2}\right) - 6$

$\qquad = \dfrac{-25}{4}$

> $2x - 1 = 0$, felly $x = \dfrac{1}{2}$

Trwy hyn, gweddill $= \dfrac{-25}{4}$.

Ehangiad binomaidd

Yr ehangiad binomaidd yw ehangu mynegiad yn y ffurf $(a + b)^n$ lle mae n yn gyfanrif positif.

Bydd y fformiwla ar gyfer yr ehangiad yn y llyfryn fformiwlâu ac mae'n cael ei dangos yma:

$$(a+b)^n = a^n + \binom{n}{1}a^{n-1}b + \binom{n}{2}a^{n-2}b^2 + \ldots + \binom{n}{r}a^{n-r}b^r + \ldots + b^n$$

lle mae $\binom{n}{r} = {}^nC_r = \dfrac{n!}{r!(n-r)!}$

Nid oes angen i chi gofio'r fformiwlâu hyn gan eu bod yn y llyfryn fformiwlâu.

Mae $n!$ yn golygu n ffactorial. Os yw $n = 5$, yna $5! = 5 \times 4 \times 3 \times 2 \times 1$

Sylwch fod $0! = 1$.

Nodyn pwysig: Ni chewch ddefnyddio cyfrifiannell yn arholiad Craidd 1.

Mae hyn yn golygu y bydd angen i chi allu amnewid rhifau i mewn i'r fformiwla ar gyfer $\binom{n}{r}$.

Gwella gradd

Mae'n well peidio â defnyddio cyfrifiannell i gyfrifo ${}^nC_r$ pan fyddwch chi'n gwneud cwestiynau yn y dosbarth. Dylech chi ddod yn gyfarwydd ag amnewid y rhifau i mewn i'r fformiwla. Ni chewch ddefnyddio cyfrifiannell yn arholiad Craidd 1.

Enghraifft

① I weld sut mae'r fformiwla hon yn cael ei defnyddio, defnyddiwn enghraifft.

Ehangwch $(a + b)^4$.

Ateb

① Yn gyntaf copïwch y fformiwla yn ofalus o'r llyfryn fformiwlâu:

$$(a+b)^n = a^n + \binom{n}{1}a^{n-1}b + \binom{n}{2}a^{n-2}b^2 + \ldots$$

Hefyd bydd angen y fformiwla hon o'r llyfryn fformiwlâu:

$$\binom{n}{r} = \frac{n!}{r!(n-r)!}$$

Mae amnewid $n = 4$ i mewn i bob fformiwla yn rhoi:

$$(a+b)^4 = a^4 + \binom{4}{1}a^3b + \binom{4}{2}a^2b^2 + \binom{4}{3}ab^3 + \binom{4}{4}b^4$$

Nawr mae amnewid y rhifau $\binom{4}{1}$ ar gyfer n a r i mewn i $\dfrac{n!}{r!(n-r)!}$ yn rhoi $\dfrac{4!}{1!(4-1)!} = \dfrac{4 \times 3 \times 2 \times 1}{3 \times 2 \times 1} = 4$

Rydym ni'n gwneud hyn eto trwy amnewid rhifau i mewn ar gyfer $\binom{4}{2}, \binom{4}{3}$ a $\binom{4}{4}$ sy'n rhoi'r rhifau 6, 4 ac 1 yn ôl eu trefn.

Trwy hyn: $(a + b)^4 = a^4 + 4a^3b + 6a^2b^2 + 4ab^3 + b^4$

Triongl Pascal

Gallwch chi hefyd ddarganfod y cyfernodau yn ehangiad $(a + b)^n$ trwy ddefnyddio triongl Pascal.

Gallwch chi ehangu'r mynegiad o'r enghraifft flaenorol $(a + b)^4$ gan ddefnyddio triongl Pascal.

Dylech chi ysgrifennu triongl Pascal a chwilio am y llinell sy'n dechrau ag 1 ac yna 4 (oherwydd bod n yn 4 yma). Mae'r llinell 1, 4, 6, 4, 1 yn rhoi'r cyfernodau. Mae hyn yn osgoi'r cyfrifo sy'n cynnwys y ffactorialau ar gyfer pob cyfernod ond bydd angen i chi gofio sut i lunio triongl Pascal.

> Sylwch fod pob rhes yn dechrau ac yn gorffen ag 1. Sylwch hefyd ein bod yn darganfod y rhifau eraill trwy adio'r parau o rifau sy'n union uwchben. Er enghraifft, os yw 1 3 yn y llinell uwchben yna 4 yw'r rhif sydd i gael ei roi i mewn rhwng y rhifau hyn ar y llinell nesaf.

```
              1
           1     1
         1    2    1
       1    3    3    1
     1    4    6    4    1
   1    5   10   10    5    1
```

▲ Gwella gradd

Os ydych chi'n bwriadu defnyddio triongl Pascal, rhaid i chi gofio sut i'w lunio a hefyd sut i benderfynu pa linell y dylech chi ei defnyddio. Ni fydd triongl Pascal yn y llyfryn fformiwlâu.

Enghraifft

① Defnyddiwch yr ehangiad binomaidd i ehangu $(2 + 3x)^3$.

Ateb

① Yn gyntaf copïwch y fformiwla ar gyfer yr ehangiad binomaidd o'r llyfryn fformiwlâu.

$$(a + b)^n = a^n + \binom{n}{1}a^{n-1}b + \binom{n}{2}a^{n-2}b^2 + \ldots$$

Yma $a = 2$, $b = 3x$ ac $n = 3$.

Mae amnewid y gwerthoedd hyn i mewn i'r fformiwla yn rhoi:

$$(2 + 3x)^3 = 2^3 + \binom{3}{1}2^2(3x) + \binom{3}{2}2^1(3x)^2 + \binom{3}{3}2^0(3x)^3$$

Gan fod $n = 3$ yma, rydym ni'n chwilio am y llinell yn nhriongl Pascal sy'n dechrau ag 1 ac yna 3, ac yn y blaen.

Gallwch chi weld mai'r rhifau yn y llinell hon yw: 1 3 3 1

Dyma'r gwerthoedd $\binom{3}{0}$, $\binom{3}{1}$, $\binom{3}{2}$ a $\binom{3}{3}$. Felly, er enghraifft, $\binom{3}{1} = 3$ a $\binom{3}{3} = 1$.

Trwy hyn, rydym ni'n gallu ysgrifennu'r ehangiad fel hyn:

$$(2 + 3x)^3 = (1)2^3 + (3)2^2(3x) + (3)2^1(3x)^2 + (1)2^0(3x)^3$$

Trwy hyn, $(2 + 3x)^3 = 8 + 36x + 54x^2 + 27x^3$.

> Cofiwch fod $2^0 = 1$.

Yr ehangiad binomaidd lle mae $a = 1$

Pan fo'r term cyntaf yn y cromfachau (h.y. a) yn 1, yr ehangiad binomaidd yw:

$$(1 + x)^n = 1 + nx + \frac{n(n-1)}{2!}x^2 + \frac{n(n-1)(n-2)}{3!}x^3 + \ldots$$

Eto mae'r fformiwla hon yn y llyfryn fformiwlâu ac felly nid oes angen i chi ei chofio.

Enghraifft

①   (a) Ysgrifennwch ehangiad $(1 + x)^6$ mewn pwerau esgynnol o x hyd at, ac yn cynnwys, y term yn x^3.   [2]

    (b) Trwy amnewid gwerth priodol ar gyfer x yn eich ehangiad yn (a), darganfyddwch fras werth ar gyfer 0.99^6. Dangoswch eich holl waith cyfrifo a rhowch eich ateb yn gywir i bedwar lle degol.   [3]

    (CBAC C1 Mai 2010 Cw4)

Ateb

①   (a) Rydym ni'n cael y fformiwla ar gyfer ehangu $(1 + x)^n$ o'r llyfryn fformiwlâu.

$$(1+x)^n = 1+nx+\frac{n(n-1)}{2!}x^2+\frac{n(n-1)(n-2)}{3!}x^3+\dots$$

Mae amnewid $n = 6$ i mewn i'r fformiwla hon yn rhoi:

$$(1+x)^6 = 1+6x+\frac{6(5)}{2!}x^2+\frac{6(5)(4)}{3!}x^3+\dots$$

Sylwch fod defnyddio'r tri therm cyntaf yn rhoi bras werth yn unig.

Trwy hyn, $(1+x)^6 \approx 1+6x+\frac{6(5)x^2}{2!}+\frac{6(5)(4)x^3}{3!}$

$$\approx 1 + 6x + 15x^2 + 20x^3$$

    (b) $1 - 0.01 = 0.99$

Felly, $0.99^6 = (1 - 0.01)^6$.

Mae amnewid $x = -0.01$ i mewn i ehangiad $(1 + x)^6$ yn rhoi:

$$(1 - 0.01)^6 \approx 1 + 6(-0.01) + 15(-0.01)^2 + 20(-0.01)^3$$

$$\approx 0.94148$$

$$\approx 0.9415 \text{ (4 lle degol)}$$

 Gwella gradd

Pan fyddwch chi'n cael ateb rhifiadol, dylech chi bob tro wirio a yw'r cwestiwn yn gofyn am roi'r ateb i nifer penodol o leoedd degol neu ffigurau ystyrlon. Gallwch chi golli marciau'n ddiangen trwy beidio â gwneud hyn.

Enghraifft

②   (a) Ehangwch $\left(x+\dfrac{2}{x}\right)^4$ a symleiddiwch bob term yn yr ehangiad.   [4]

    (b) Cyfernod x^2 yn ehangiad $(1 + x)^n$ yw 55. O wybod mai cyfanrif positif yw n, darganfyddwch werth n.   [3]

    (CBAC C1 Mai 2009 Cw7)

Ateb

②   (a) Mae cael y fformiwla a dilyn y patrwm yn y termau yn rhoi:

$$(a+b)^n = a^n+\binom{n}{1}a^{n-1}b+\binom{n}{2}a^{n-2}b^2+\binom{n}{3}a^{n-3}b^3+\dots$$

$$(a+b)^4 = a^4 + \binom{4}{1}a^3b + \binom{4}{2}a^2b^2 + \binom{4}{3}ab^3 + \binom{4}{4}b^4$$

$$(a+b)^4 = a^4 + 4a^3b + 6a^2b^2 + 4ab^3 + b^4$$

Mae amnewid $a = x$ a $b = \dfrac{2}{x}$ i mewn i'r hafaliad yn rhoi:

$$\left(x + \frac{2}{x}\right)^4 = x^4 + 4x^3\left(\frac{2}{x}\right) + 6x^2\left(\frac{2}{x}\right)^2 + 4x\left(\frac{2}{x}\right)^3 + \left(\frac{2}{x}\right)^4$$

$$= x^4 + 8x^2 + 24 + \frac{32}{x^2} + \frac{16}{x^4}$$

Gwella gradd

Gallwch chi ddarganfod y rhifau hyn gan ddefnyddio triongl Pascal ond bydd angen i chi wybod sut i'w lunio a'i ddefnyddio, gan nad yw'n cael ei roi yn y llyfryn fformiwlâu.

> Gydag ymarfer byddwch chi'n dod yn gyfarwydd â nodi gwerthoedd y cyfernodau neu'n gallu eu cyfrifo'n gyflym.

(b) Yn ehangiad $(1 + x)^n$ cyfernod x^2 yw $\dfrac{n(n-1)}{2}$.

Trwy hyn, $\dfrac{n(n-1)}{2} = 55$

$n^2 - n = 110$

$n^2 - n - 110 = 0$

> Sylwch mai hafaliad cwadratig yw hwn ac felly mae angen ei ad-drefnu i fod yn hafal i sero fel y gallwn ni ei ffactorio a'i ddatrys.

Mae ffactorio'r hafaliad cwadratig hwn yn rhoi $(n - 11)(n + 10) = 0$.

Mae datrys yn rhoi $n = 11$ neu -10.

Mae'r cwestiwn yn dweud bod n yn gyfanrif positif, felly $n = 11$.

Cwestiynau tebyg i rai arholiad

① (a) O wybod bod $x - 2$ yn ffactor o $x^3 - 6x^2 + ax - 6$, dangoswch fod $a = 11$. [2]

(b) Datryswch yr hafaliad $x^3 - 6x^2 + 11x - 6 = 0$. [4]

(c) Cyfrifwch y gweddill pan gaiff $x^3 - 6x^2 + 11x - 6$ ei rannu â $x + 1$. [2]

Ateb

① (a) Gadewch i $f(x) = x^3 - 6x^2 + ax - 6$.

$f(2) = 2^3 - 6(2)^2 + 2a - 6 = 2a - 22$

Gan fod $x - 2$ yn ffactor, mae $f(2) = 0$.

Trwy hyn, $2a - 22 = 0$, felly $a = 11$.

(b) $f(x) = x^3 - 6x^2 + 11x - 6 = (x-2)(ax^2 + bx + c)$

Mae hafalu cyfernodau x^3 yn rhoi $a = 1$.

Mae hafalu'r cysonion yn rhoi $-2c = -6$, sy'n rhoi $c = 3$.

> Dylech chi bob amser edrych yn ôl ar y rhan flaenorol i weld a yw'n berthnasol. Mae yn berthnasol yma oherwydd bod y polynomial yr un fath ac rydym ni'n gwybod bod $x - 2$ yn ffactor.

Mae hafalu cyfernodau x^2 yn rhoi $b - 2a = -6$, sy'n rhoi $b = -4$.

Trwy hyn, $f(x) = x^3 - 6x^2 + 11x - 6 = (x - 2)(x^2 - 4x + 3)$.

Mae ffactorio'r ail o'r cromfachau yn rhoi:

$f(x) = (x - 2)(x - 3)(x - 1)$

Nawr $(x - 2)(x - 3)(x - 1) = 0$.

Felly $x = 2, x = 3, x = 1$.

(c) $f(-1) = (-1)^3 - 6(-1)^2 + 11(-1) - 6 = -1 - 6 - 11 - 6 = -24$

Gweddill $= -24$.

---

② Ysgrifennwch a symleiddiwch y pedwar term cyntaf yn ehangiad binomaidd $\left(1 + \dfrac{x}{2}\right)^6$. [4]

Ateb

② $(1 + x)^n = 1 + nx + \dfrac{n(n-1)}{2!}x^2 + \dfrac{n(n-1)(n-2)}{3!}x^3$

$\left(1 + \dfrac{x}{2}\right)^6 = 1 + 6\left(\dfrac{x}{2}\right) + \dfrac{(6)(5)}{2 \times 1}\left(\dfrac{x}{2}\right)^2 + \dfrac{(6)(5)(4)}{3 \times 2 \times 1}\left(\dfrac{x}{2}\right)^3$

$= 1 + 3x + \dfrac{15}{4}x^2 + \dfrac{5}{2}x^3$

> Rydym ni'n amnewid n fel 6 ac x fel $\left(\dfrac{x}{2}\right)$ i mewn i'r fformiwla.

---

③ Yn ehangiad binomaidd $(a + 2x)^5$, mae cyfernod y term yn x^2 bedair gwaith cymaint â chyfernod y term yn x. Darganfyddwch werth y cysonyn a. [3]

Ateb

③ $(a + b)^n = a^n + \dbinom{n}{1}a^{n-1}b + \dbinom{n}{2}a^{n-2}b^2 + \ldots$

Yma $a = a$, $b = 2x$ ac $n = 5$.

Mae amnewid y gwerthoedd hyn i mewn i'r fformiwla yn rhoi:

$(a + 2x)^5 = a^5 + \dbinom{5}{1}a^4(2x) + \dbinom{5}{2}a^3(2x)^2 + \ldots$

Nawr $\dbinom{5}{1} = \dfrac{5!}{1!(5-1)!} = \dfrac{5!}{1!4!} = 5$ a

$\dbinom{5}{2} = \dfrac{5!}{2!(5-2)!} = \dfrac{5!}{2!3!} = 10$

Trwy hyn:

$(a + 2x)^5 = a^5 + (5)a^4(2x) + (10)a^3(2x)^2 + \ldots$

$= a^5 + 10a^4x + 40a^3x^2 + \ldots$

Gwella gradd

Gallech chi ddefnyddio triongl Pascal yma, ond nid yw hwn yn y llyfryn fformiwlâu ac felly byddai angen i chi wybod sut i'w luniio.

> Rydym ni wedi defnyddio'r fformiwla $\dbinom{n}{r} = \dfrac{n!}{r!(n-r)!}$ yma.
>
> Mae'r fformiwla hon yn y llyfryn fformiwlâu.

Mae cyfernod x^2 bedair gwaith cymaint â chyfernod x, felly

$40a^3 = 4 \times 10a^4$

$40a^3 = 40a^4$

Mae rhannu'r ddwy ochr â $40a^3$ yn rhoi $a = 1$. $(a \neq 0)$

④ Ehangwch $(a + b)^4$. Trwy hyn, ehangwch $\left(2x + \dfrac{1}{2x}\right)^4$ a symleiddiwch bob term yn yr ehangiad. [4]

Ateb

④ $(a + b)^n = a^n + \binom{n}{1}a^{n-1}b + \binom{n}{2}a^{n-2}b^2 + \binom{n}{3}a^{n-3}b^3 + \dots$

$(a + b)^4 = a^4 + \binom{4}{1}a^3b + \binom{4}{2}a^2b^2 + \binom{4}{3}ab^3 + \binom{4}{4}b^4$

Rydym ni'n darganfod $\binom{4}{1}, \binom{4}{2}, \binom{4}{3}, \binom{4}{4}$ trwy ddefnyddio'r fformiwla neu drwy ddefnyddio triongl Pascal ac rydym ni'n eu hamnewid i mewn i'r fformiwla uchod i roi:

$(a + b)^4 = a^4 + 4a^3b + 6a^2b^2 + 4ab^3 + b^4$

$\left(2x - \dfrac{1}{2x}\right)^4 = (2x)^4 + 4(2x)^3\left(\dfrac{1}{2x}\right) + 6(2x)^2\left(\dfrac{1}{2x}\right)^2 + 4(2x)\left(\dfrac{1}{2x}\right)^3 + \left(\dfrac{1}{2x}\right)^4$

$= 16x^4 + 16x^2 + 6 + \dfrac{1}{x^2} + \dfrac{1}{16x^4}$

Profi eich hun

Atebwch y cwestiynau canlynol a gwiriwch eich atebion cyn symud ymlaen i'r testun nesaf.

① Cyfrifwch y gweddill pan gaiff $4x^3 + 3x^2 - 3x + 1$ ei rannu â $x + 1$.

② (a) O wybod bod $x + 2$ yn ffactor o $x^3 + 6x^2 + ax + 6$, dangoswch fod $a = 11$.

    (b) Datryswch yr hafaliad $x^3 + 6x^2 + 11x + 6 = 0$.

③ Mae'r polynomial $f(x)$ wedi'i ddiffinio gan: $f(x) = x^3 - x^2 - 4x + 4$.

    (a) (i) Enrhifwch $f(-2)$.

        (ii) Gan ddefnyddio eich ateb i ran (i), ysgrifennwch un ffaith y gallwch ei diddwytho ynghylch $f(x)$.

    (b) Datryswch yr hafaliad $f(x) = 0$.

④ Yn ehangiad binomaidd $(2 + 3x)^5$, darganfyddwch gyfernod y term yn x^2.

⑤ Ysgrifennwch a symleiddiwch y pedwar term cyntaf yn ehangiad binomaidd $(1 + 3x)^6$.

(Sylwch: mae'r atebion i'r cwestiynau 'Profi eich hun' yng nghefn y llyfr.)

1   Defnyddiwch y theorem binomial i ehangu $(3 + 2x)^3$,
    a symleiddiwch bob term o'ch ehangiad.   [3]

Gwella gradd

Rhaid i chi ddefnyddio'r theorem binomial yma gan fod hynny'n cael ei nodi yn y cwestiwn. Os gwnewch chi ddarganfod yr ateb trwy luosi'r cromfachau ni fyddwch chi'n cael unrhyw farciau.

Ateb

1   Mae cael y fformiwla yn rhoi:

$$(a+b)^n = a^n + na^{n-1}b + \frac{n(n-1)}{2!}a^{n-2}b^2 + \frac{n(n-1)(n-2)}{3!}a^{n-3}b^3$$

Yma $n = 3$, $a = 3$ a $b = 2x$.

$$(3+2x)^3 = 3^3 + 3(3)^2(2x) + \frac{(3)(2)}{2!}3^1(2x)^2 + \frac{(3)(2)(1)}{3!}3^0(2x)^3$$

$$= 27 + 54x + 36x^2 + 8x^3$$

2   Mae $x - 2$ yn ffactor o'r polynomial $4x^3 + px^2 - 11x + q$. Pan gaiff y polynomial ei rannu â $x + 1$, y gweddill yw 9.

    (a) Dangoswch fod $p = -4$ a $q = 6$.   [6]

    (b) Ffactoriwch $4x^3 - 4x^2 - 11x + 6$.   [3]

    (CBAC C1 Mai 2008 Cw7)

Ateb

2   (a) Gan fod $x - 2$ yn ffactor, pan fyddwn ni'n amnewid $x = 2$ i mewn i'r ffwythiant, y canlyniad fydd sero.

    Gadewch i $f(x) = 4x^3 + px^2 - 11x + q$.

    $f(2) = 4(2)^3 + p(2)^2 - 11(2) + q = 10 + 4p + q$

    Mae hyn yn hafal i sero, felly:

    $10 + 4p + q = 0$ (1)

    Hefyd, pan fydd y polynomial yn cael ei rannu â $(x + 1)$ mae'n rhoi'r gweddill 9.

    $f(-1) = 4(-1)^3 + p(-1)^2 - 11(-1) + q$

    $= -4 + p + 11 + q$

    $= 7 + p + q$

Mae'r gweddill hwn yn hafal i 9, felly:

$9 = 7 + p + q$

$2 = p + q$ (2)

Rydym ni'n datrys hafaliadau (1) a (2) yn gydamserol:

O hafaliad (2) $q = 2 - p$

Mae amnewid hyn i mewn i hafaliad (1) yn rhoi:

$10 + 4p + 2 - p = 0$

$12 + 3p = 0$

$p = -4$

Mae amnewid $p = -4$ i mewn i hafaliad (2) yn rhoi:

$2 = -4 + q$

$q = 6$

(b) Rydym ni'n gwybod bod $x - 2$ yn ffactor o

$4x^3 - 4x^2 - 11x + 6$

Felly $(x - 2)(ax^2 + bx + c) = 4x^3 - 4x^2 - 11x + 6$.

Mae hafalu cyfernodau x^3 yn rhoi $a = 4$.

Mae hafalu'r cysonion yn rhoi $-2c = 6$, felly $c = -3$.

Mae hafalu cyfernodau x^2 yn rhoi $b - 2a = -4$

$$b - 8 = -4$$

$$b = 4$$

Mae amnewid y gwerthoedd hyn yn rhoi:

$(x - 2)(4x^2 + 4x - 3)$

Mae ffactorio'r ail o'r cromfachau yn rhoi:

$(x - 2)(2x + 3)(2x - 1)$

Gwella gradd

Gwiriwch eich bod yn gallu datrys hafaliadau cydamserol. Efallai y bydd angen i chi adolygu eich gwaith TGAU.

Dylech chi bob amser edrych yn ôl ar rannau blaenorol i weld a ydynt yn berthnasol. Mae'r rhan flaenorol yn berthnasol yma.

Mae'r ail o'r cromfachau yn cynnwys cwadratig sy'n gallu cael ei ffactorio.

Testun 5 Differu

Mae'r testun hwn yn ymdrin â'r canlynol:

- Differu o egwyddorion sylfaenol
- Differu x^n a symiau a gwahaniaethau cysylltiedig
- Pwyntiau arhosol
- Deilliad trefn dau
- Ffwythiannau cynyddol a lleihaol
- Problemau optimeiddio syml
- Graddiannau tangiadau a normalau, a'u hafaliadau
- Braslunio cromliniau syml

Beth yw differu?

Yn wahanol i linell syth sydd â graddiant sefydlog, mae graddiant amrywiol gan gromlin yn dibynnu ar y pwynt ar y gromlin lle mae'r graddiant yn cael ei fesur. Y graddiant mewn pwynt ar y gromlin yw graddiant y tangiad i'r gromlin yn y pwynt hwnnw. Llinell syth sy'n cyffwrdd â'r gromlin yn y pwynt $P(x, y)$ yw tangiad.

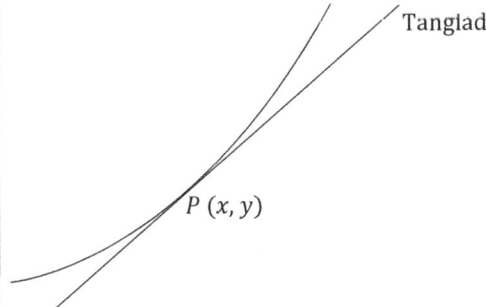

Differu yw'r broses o ddarganfod mynegiad cyffredinol ar gyfer graddiant cromlin ar unrhyw bwynt. Yr enw ar y mynegiad cyffredinol hwn ar gyfer y graddiant yw'r deilliad. Gallwn ni ei fynegi mewn dwy ffordd: $\dfrac{dy}{dx}$ neu $f'(x)$.

Differu o egwyddorion sylfaenol

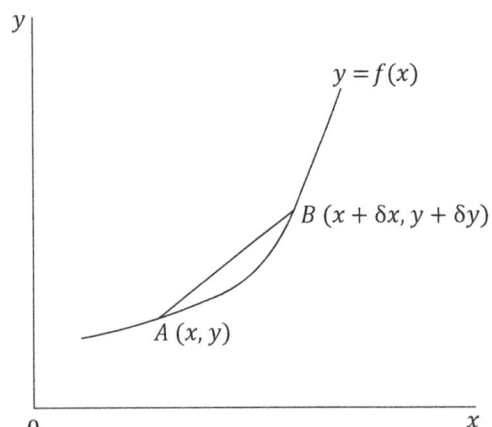

Yr enw ar y llinell sy'n cysylltu'r pwyntiau A a B yw cord. Sylwch fod pellter llorweddol bach, sef δx, a phellter fertigol bach, sef δy, rhwng y pwyntiau A a B. Wrth i A a B symud yn agosach at ei gilydd mae graddiant y cord AB yn dod yn agosach at wir raddiant y tangiad i'r gromlin yn y pwynt A. Wrth i $\delta x \to 0$ (h.y. wrth i δx agosáu at sero) bydd y cord yn tueddu i fod y tangiad i'r gromlin yn y pwynt A, a graddiant y gromlin yn y pwynt A fydd terfan graddiant y cord.

Gallwn ni fynegi hyn yn y ffordd ganlynol:

$$\frac{dy}{dx} = \text{terfan}_{\delta x \to 0} \frac{\delta y}{\delta x} = \text{terfan}_{\delta x \to 0} \left(\frac{f(x + \delta x) - f(x)}{\delta x} \right)$$

Rhaid i chi allu differu polynomial o radd llai na 3 (h.y. hyd at, ac yn cynnwys, termau yn x^2) o egwyddorion sylfaenol.

Tybiwch fod angen i ni ddarganfod $\frac{dy}{dx}$ ar gyfer $y = 4x^2 - 2x + 1$.

Bydd cynnydd bach δx yn x yn achosi cynnydd bach δy yn y.

Rydym ni'n amnewid $x + \delta x$ ac $y + \delta x$ i mewn i'r hafaliad ac mae hyn yn rhoi:

$y + \delta y = 4(x + \delta x)^2 - 2(x + \delta x) + 1$

$y + \delta y = 4(x^2 + 2x\delta x + (\delta x)^2) - 2x - 2\delta x + 1$

$y + \delta y = 4x^2 + 8x\delta x + 4(\delta x)^2 - 2x - 2\delta x + 1$

Ond $y = 4x^2 - 2x + 1$.

Mae tynnu'r hafaliadau hyn yn rhoi:

$\delta y = 8x\delta x + 4(\delta x)^2 - 2\delta x$

Rydym ni'n rhannu'r ddwy ochr â δx

$\frac{\delta y}{\delta x} = 8x + 4\delta x - 2$

Rydym ni'n gadael i $\delta x \to 0$

$\frac{dy}{dx} = \text{terfan}_{\delta x \to 0} \frac{\delta y}{\delta x} = 8x - 2$

Gwella gradd

Rhaid i chi gynnwys y cam hwn ynglŷn â'r terfannau. Bydd gadael y cam hwn allan yn colli marc i chi.

Differu x^n a symiau a gwahaniaethau cysylltiedig

Cyn differu mynegiad, mae angen ei ysgrifennu ar ffurf indecs. Efallai y bydd angen i chi edrych ar Destun 1 eto i adolygu indecsau.

I ddifferu mynegiad: rydym ni'n lluosi â'r indecs ac yna'n lleihau'r indecs gan 1.

Os yw $y = kx^n$, yna mae'r deilliad $\frac{dy}{dx} = nkx^{n-1}$.

Enghreifftiau

① Os yw $y = 6x^3 + \frac{1}{2}x^2 - 5x + 4$, darganfyddwch $\frac{dy}{dx}$.

Mae differu'n rhoi:

$$\frac{dy}{dx} = (3)6x^2 + (2)\frac{1}{2}x - 5$$

$$\frac{dy}{dx} = 18x^2 + x - 5$$

② Darganfyddwch raddiant y gromlin $y = 3x^2 - x + 2$ yn y pwynt $P(2, 12)$.

Mae differu hafaliad y gromlin yn rhoi:

$$\frac{dy}{dx} = (2)3x^1 - 1 = 6x - 1$$

Yn P, $x = 2$ felly graddiant $\frac{dy}{dx} = 6(2) - 1 = 11$.

③ O wybod bod $y = \sqrt{x} + \frac{4}{x^3} + 4$, darganfyddwch werth $\frac{dy}{dx}$ pan fo $x = 1$.

Mae ysgrifennu'r hafaliad ar ffurf indecs yn rhoi:

$$y = x^{\frac{1}{2}} + 4x^{-3} + 4$$

Mae differu'n rhoi:

$$\frac{dy}{dx} = \frac{1}{2}x^{-\frac{1}{2}} + (-3)4x^{-4} = \frac{1}{2}x^{-\frac{1}{2}} - 12x^{-4}$$

Mae ysgrifennu hyn ar ffurf lle mae'n hawdd rhoi rhifau i mewn yn rhoi:

$$\frac{dy}{dx} = \frac{1}{2\sqrt{x}} - \frac{12}{x^4}$$

Mae amnewid $x = 1$ yn rhoi:

$$\frac{dy}{dx} = \frac{1}{2\sqrt{1}} - \frac{12}{1^4} = \frac{1}{2} - 12 = -11.5$$

④ Os yw $f(x) = \frac{3}{4}x^{\frac{1}{3}} + \frac{12}{x^2}$, darganfyddwch werth $f'(x)$ pan fo $x = 8$.

Mae ysgrifennu'r ffwythiant cyfan ar ffurf indecs yn rhoi:

$$f(x) = \frac{3}{4}x^{\frac{1}{3}} + 12x^{-2}$$

Mae differu'n rhoi:

$$f'(x) = \left(\frac{1}{3}\right)\frac{3}{4}x^{-\frac{2}{3}} + (-2)12x^{-3} = \frac{1}{4}x^{-\frac{2}{3}} - 24x^{-3}$$

Gwella gradd

Mae'r cam hwn yn dangos y gwaith cyfrifo. Dylech chi ddangos eich gwaith cyfrifo oherwydd os gwnewch chi gamgymeriad rhifyddeg, gallech chi gael marciau am eich dull o hyd.

Pan fyddwn ni'n differu term yn x, rydym ni'n cael cyfernod x (e.e. mae differu $5x$ yn rhoi 5). Mae differu rhif ar ei ben ei hun yn rhoi sero.

Rydym ni'n amnewid gwerth x y pwynt ar y gromlin lle mae'r graddiant i'w ddarganfod i mewn i'r mynegiad ar gyfer $\frac{dy}{dx}$.

Cymerwch ofal yma. Gwall cyffredin yw trawsnewid i ffurf indecs ac yna anghofio differu'r canlyniad.

Pan fyddwn ni'n differu term sydd ag indecs negatif, bydd indecs y deilliad yn dal i fod 1 yn llai, e.e. os yw $y = x^{-3}$ yna $\frac{dy}{dx} = -3x^{-4}$.

Rydym ni'n ysgrifennu deilliad $f(x)$ fel $f'(x)$.

Mae angen i chi fod yn hyderus yn lleihau indecsau ffracsiynol gan 1 (e.e. $\frac{1}{2} - 1 = -\frac{1}{2}, -\frac{1}{2} - 1 = -\frac{3}{2}$, ac yn y blaen)

Mae ysgrifennu hyn fel nad yw ar ffurf indecs yn rhoi:

$$f'(x) = \frac{1}{4\sqrt[3]{x^2}} - \frac{24}{x^3}$$

Trwy hyn, $f'(8) = \dfrac{1}{4\sqrt[3]{8^2}} - \dfrac{24}{8^3} = \dfrac{1}{16} - \dfrac{3}{64} = \dfrac{4}{64} - \dfrac{3}{64} = \dfrac{1}{64}$

Gwella gradd

Ni fydd modd i chi ddefnyddio cyfrifiannell yn arholiad Craidd 1, ac felly dylech chi ddod yn gyfarwydd â chyfrifo ffracsiynau heb ddefnyddio cyfrifiannell.

Pwyntiau arhosol

Pwynt ar gromlin lle mae'r graddiant yn sero yw pwynt arhosol. Bydd tangiad i'r gromlin mewn pwynt arhosol â graddiant sero ac felly bydd yn baralel i'r echelin-x.

I ddarganfod y pwyntiau arhosol ar gromlin, rydych chi'n gyntaf yn differu hafaliad y gromlin ac yna'n amnewid y deilliad yn hafal i sero. Byddwch chi'n datrys yr hafaliad sy'n ganlyniad i hyn i ddarganfod cyfesuryn-x, neu gyfesurynnau-x, y pwyntiau arhosol.

Pwyntiau macsimwm (uchafbwyntiau) a phwyntiau minimwm (isafbwyntiau)

Edrychwch yn ofalus ar y graff sydd wedi'i luniadu yma a sylwch ar y ffordd mae arwydd y graddiant yn newid y naill ochr a'r llall i bwynt arhosol ar gyfer macsimwm a minimwm.

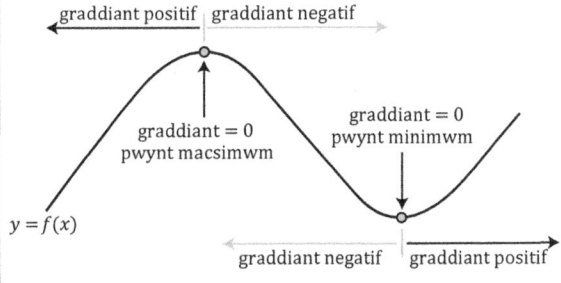

Pwynt ffurfdro

Mae pwynt ffurfdro yn bwynt arhosol ar gromlin (h.y. lle mae'r graddiant yn sero) ond lle nad yw'r graddiant yn newid y naill ochr a'r llall i'r pwynt arhosol.

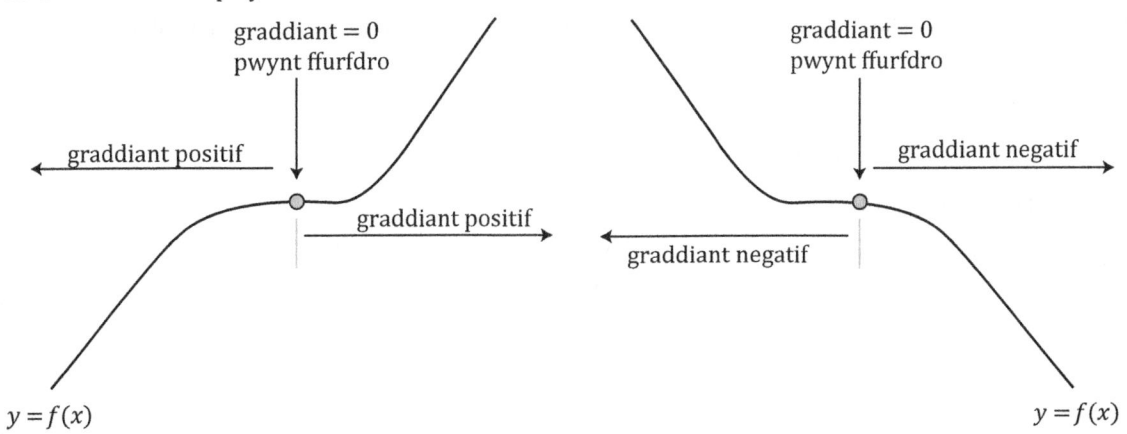

Deilliad trefn dau

Er mwyn darganfod deilliad trefn dau (h.y. $\frac{d^2y}{dx^2}$ neu $f''(x)$) rydych chi'n cymryd y deilliad trefn un (h.y. $\frac{dy}{dx}$ neu $f'(x)$) ac yn ei ddifferu eto.

Mae'r deilliad trefn dau yn rhoi'r wybodaeth ganlynol am y pwyntiau arhosol:

Os yw $\frac{d^2y}{dx^2}$ neu $f''(x) < 0$ mae'r pwynt yn bwynt macsimwm.

Os yw $\frac{d^2y}{dx^2}$ neu $f''(x) > 0$ mae'r pwynt yn bwynt minimwm.

Os yw $\frac{d^2y}{dx^2}$ neu $f''(x) = 0$ nid yw hyn yn rhoi rhagor o wybodaeth am natur y pwynt ac mae angen ymchwilio ymhellach.

Enghraifft

① Hafaliad y gromlin C yw $y = -2x^3 + 3x^2 + 12x - 5$.

Darganfyddwch gyfesurynnau a natur pob un o bwyntiau arhosol C.　　　　[6]

Ateb

① $y = -2x^3 + 3x^2 + 12x - 5$

$$\frac{dy}{dx} = -6x^2 + 6x + 12 = -6(x^2 - x - 2) = -6(x - 2)(x + 1)$$

> Pan fyddwch chi'n ffactorio, cymerwch ofal wrth dynnu rhif negatif allan fel sy'n cael ei ddangos yma. Gwall cyffredin yw gwneud dim mwy na rhannu trwodd â ffactor cyffredin cyn hafalu i sero. Gall hynny arwain at newid arwydd, a gallai hynny yn ei dro arwain at nodi'n anghywir natur unrhyw bwyntiau arhosol.

Yn y pwyntiau arhosol, $\frac{dy}{dx} = 0$, felly

$-6(x - 2)(x + 1) = 0$

Mae datrys yn rhoi $x = 2$ neu -1.

I ddarganfod y gwerthoedd y cyfatebol, rydym ni'n amnewid pob un o'r gwerthoedd hyn i mewn i hafaliad y gromlin.

Pan fo $x = 2$, $y = -2(2)^3 + 3(2)^2 + 12(2) - 5 = 15$.

Pan fo $x = -1$, $y = -2(-1)^3 + 3(-1)^2 + 12(-1) - 5 = -12$.

Y pwyntiau arhosol yw $(2, 15)$ a $(-1, -12)$.

I ddarganfod natur y pwyntiau arhosol, rydym ni'n differu $\frac{dy}{dx}$ eto.

$$\frac{d^2y}{dx^2} = -12x + 6$$

Rydym ni'n rhoi pob gwerth x i mewn yn ei dro i ddarganfod a yw'r deilliad trefn dau yn bositif neu'n negatif. Os yw'n negatif, mae'r pwynt yn bwynt macsimwm, ac os yw'n bositif, mae'r pwynt yn bwynt minimwm.

Trwy hyn, pan fo $x = 2$, $\dfrac{d^2y}{dx^2} = -12(2) + 6 = -18 < 0$ sy'n dangos bod pwynt macsimwm pan fo $x = 2$.

Pan fo $x = -1$, $\dfrac{d^2y}{dx^2} = -12(-1) + 6 = 18 > 0$ sy'n dangos bod pwynt minimwm pan fo $x = -1$.

Trwy hyn, mae $(2, 15)$ yn bwynt macsimwm ac mae $(-1, -12)$ yn bwynt minimwm.

Ffwythiannau cynyddol a lleihaol

Mae gan gromliniau raddiannau sy'n newid. Yn dibynnu ar gyfesuryn-x pwynt ar y gromlin mae'r graddiant, fel sy'n cael ei roi gan $\dfrac{dy}{dx}$ neu $f'(x)$, yn gallu bod â gwerth positif, negatif neu sero.

Efallai y bydd yn rhaid i chi ddangos bod ffwythiant penodol yn gynyddol neu'n lleihaol mewn pwynt penodol. I wneud hyn, rydych chi'n darganfod y graddiant trwy ddifferu hafaliad y gromlin ac yna'n amnewid cyfesuryn-x y pwynt penodol i mewn i weld a yw'r graddiant yn bositif neu'n negatif.

Os yw'r graddiant yn bositif, yna mae'r gromlin yn y pwynt hwnnw yn ffwythiant cynyddol.

Os yw'r graddiant yn negatif, yna mae'r gromlin yn y pwynt hwnnw yn ffwythiant lleihaol.

Enghraifft

① Hafaliad cromlin C yw $y = x^3 - 6x^2 + 2x - 1$.

Darganfyddwch a yw y yn ffwythiant cynyddol neu leihaol yn $x = 2$.

Ateb

① Mae differu'n rhoi $\dfrac{dy}{dx} = 3x^2 - 12x + 2$.

Pan fo $x = 2$, $\dfrac{dy}{dx} = 3(2)^2 - 12(2) + 2 = 12 - 24 + 2 = -10$.

Mae'r graddiant yn $x = 2$ yn negatif, sy'n dangos bod y yn ffwythiant lleihaol yn y pwynt hwn.

Problemau optimeiddio syml

Tybiwch fod gennych chi'r broblem ganlynol:

Mae gennych chi len betryal o fetel sydd â'r dimensiynau 16 cm wrth 10 cm.

Mae sgwâr o fetel i gael ei dorri allan o bob cornel fel sy'n cael ei ddangos yn y diagram canlynol.

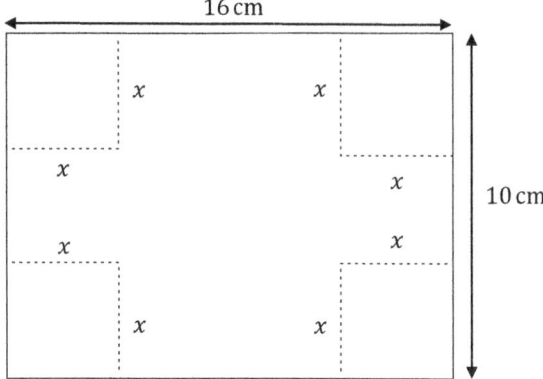

Ar ôl dileu'r corneli a phlygu'r fflapiau caiff blwch agored ei ffurfio fel yr un sy'n cael ei ddangos yma:

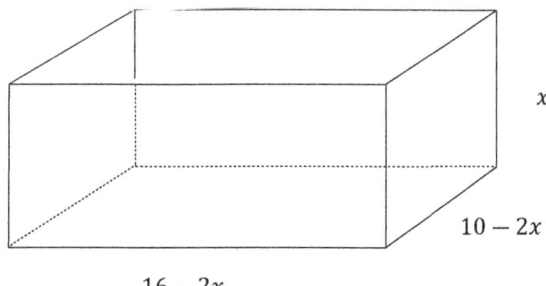

Darganfyddwch werth x a fydd yn gwneud cyfaint y blwch yn facsimwm, a darganfyddwch y cyfaint macsimwm hwn.

Cyfaint y blwch, $V = (16 - 2x)(10 - 2x)(x) = (160 - 52x + 4x^2)(x)$

$$= 160x - 52x^2 + 4x^3$$

Mae differu V mewn perthynas ag x yn rhoi'r canlynol:

$$\frac{dV}{dx} = 160 - 104x + 12x^2 = 4(3x^2 - 26x + 40) = 4(3x - 20)(x - 2)$$

Ar gyfer pwyntiau arhosol $\frac{dV}{dx} = 0$

$4(3x - 20)(x - 2) = 0$

Mae hyn yn rhoi $x = \dfrac{20}{3}$ neu 2.

Mae $x = \dfrac{20}{3} = 6\dfrac{2}{3}$ yn ateb amhosibl gan mai lled y blwch yw 10 cm yn unig, ac felly nid yw'n bosibl torri dau sgwâr sydd â'u hochrau'n $6\dfrac{2}{3}$ cm.

Trwy hyn, $x = 2$ cm.

Gallwn ni wirio bod $x = 2$ yn werth macsimwm trwy ddarganfod y deilliad trefn dau ac yna amnewid 2 i mewn ar gyfer x i wirio a yw'r deilliad trefn dau yn negatif.

$$\frac{d^2V}{dx^2} = -104 + 24x$$

Pan fo $x = 2$, $\frac{d^2V}{dx^2} = -104 + 24(2) = -56$. Mae hyn yn werth negatif, ac felly mae gwerth macsimwm V i'w gael pan fo $x = 2$.

Mae amnewid $x = 2$ i mewn i'r hafaliad ar gyfer y cyfaint yn rhoi:

$$V = 160(2) - 52(2)^2 + 4(2)^3 = 144$$

Trwy hyn, cyfaint macsimwm y blwch = 144 cm^3.

Darganfod a yw pwynt arhosol yn bwynt ffurfdro

Mae'r graddiant (h.y. $\frac{dy}{dx}$ neu $f'(x)$) mewn pwynt arhosol yn sero.
Mewn pwynt ffurfdro nid oes newid yn arwydd y graddiant y naill ochr a'r llall i'r pwynt arhosol.

Enghraifft

① Hafaliad y gromlin C yw $y = x^3 - 6x^2 + 12x - 5$.

Darganfyddwch gyfesurynnau'r pwynt arhosol ar y gromlin C a dangoswch fod y pwynt hwn yn bwynt ffurfdro.

Ateb

① Mae differu'n rhoi $\frac{dy}{dx} = 3x^2 - 12x + 12 = 3(x^2 - 4x + 4) = 3(x - 2)^2$.

Yn y pwynt arhosol, $\frac{dy}{dx} = 0$, felly $3(x - 2)^2 = 0$.

Mae datrys yn rhoi trobwynt pan fo $x = 2$.

I ddarganfod cyfesuryn-y y pwynt arhosol, rydym ni'n amnewid $x = 2$ i mewn i hafaliad y gromlin.

Pan fo $x = 2$, $y = 2^3 - 6(2)^2 + 12(2) - 5 = 3$.

Trwy hyn, mae'r pwynt arhosol yn $(2, 3)$.

I ddangos bod hwn yn bwynt ffurfdro mae angen i ni ddarganfod y graddiant y naill ochr a'r llall i'r pwynt arhosol a dangos nad yw arwydd y graddiant yn newid.

$\frac{dy}{dx} = 3(x - 2)^2 \geq 0$ ar gyfer holl werthoedd x, gan na all unrhyw fynegiad wedi'i sgwario fod yn negatif.

Nid yw arwydd y graddiant yn newid, ac felly mae'r pwynt arhosol yn $x = 2$ yn bwynt ffurfdro.

Graddiannau tangiadau a normalau, a'u hafaliadau

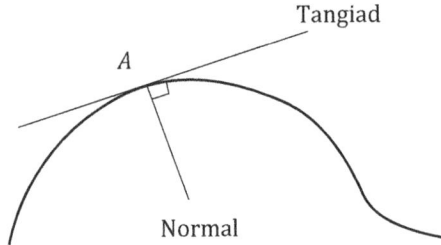

Mae'r tangiad i gromlin a'r normal i'r gromlin yn yr un pwynt yn berpendicwlar i'w gilydd.

Mae graddiant y tangiad yn y pwynt A yr un fath â graddiant y gromlin yn y pwynt A.

Os yw'r ddwy linell yn berpendicwlar, lluoswm eu graddiannau yw -1.

> Efallai y bydd angen i chi edrych eto ar Destun 3 ar geometreg gyfesurynnol a llinellau syth cyn edrych ar weddill yr adran hon.

I ddarganfod hafaliad y tangiad i gromlin yn y pwynt $P(x, y)$

1 Differu hafaliad y gromlin i ddarganfod y graddiant $\dfrac{dy}{dx}$.

2 Amnewid cyfesuryn-x y pwynt P i mewn i $\dfrac{dy}{dx}$ i gael graddiant y tangiad yn P, sef m.

3 Gan ddefnyddio'r fformiwla ar gyfer hafaliad llinell syth, $y - y_1 = m(x - x_1)$, amnewid y graddiant m a chyfesurynnau'r pwynt P ar gyfer x_1 ac y_1 i mewn i'r fformiwla uchod. Ad-drefnu'r hafaliad os oes angen fel y bydd yr hafaliad yn y fformat mae'r cwestiwn yn gofyn amdano.

I ddarganfod hafaliad normal i gromlin yn y pwynt $P(x, y)$

1 Differu hafaliad y gromlin i ddarganfod y graddiant $\dfrac{dy}{dx}$.

2 Amnewid cyfesuryn-x y pwynt P i mewn i $\dfrac{dy}{dx}$ i gael graddiant y tangiad yn P, sef m_1.

3 Darganfod graddiant y normal, gan ddefnyddio $m_1 m_2 = -1$, h.y. $m_2 = -\dfrac{1}{m_1}$.

4 Gan ddefnyddio'r fformiwla ar gyfer hafaliad llinell syth, $y - y_1 = m(x - x_1)$, amnewid y graddiant m_2 a chyfesurynnau'r pwynt P ar gyfer x_1 ac y_1 i mewn i'r fformiwla uchod. Ad-drefnu'r hafaliad os oes angen fel y bydd yr hafaliad yn y fformat mae'r cwestiwn yn gofyn amdano.

Enghraifft

① Hafaliad y gromlin C yw $y = \dfrac{6}{x^2} + \dfrac{7x}{4} - 2$. Cyfesurynnau'r pwynt P yw $(2, 3)$ ac mae ar C.

Darganfyddwch hafaliad y **normal** i C yn P. [6]

Ateb

① $y = \dfrac{6}{x^2} + \dfrac{7x}{4} - 2$

Mae amnewid yr hafaliad hwn ar ffurf indecs yn rhoi:

$y = 6x^{-2} + \dfrac{7x}{4} - 2$

> Mae lleihau'r indecs -2, gan 1 yn rhoi -3.

$\dfrac{dy}{dx} = -12x^{-3} + \dfrac{7}{4}$

$\dfrac{dy}{dx} = -\dfrac{12}{x^3} + \dfrac{7}{4}$

Pan fo $x = 2$

$\dfrac{dy}{dx} = -\dfrac{12}{8} + \dfrac{7}{4}$

$= \dfrac{1}{4}$

> Dyma'r gwerth rhifiadol ar gyfer graddiant y tangiad. Yna caiff hwn ei ddefnyddio i ddarganfod graddiant y normal sydd ar ongl sgwâr i'r tangiad.

I ddarganfod graddiant y normal rydym ni'n defnyddio $m_1 m_2 = -1$.

Felly, $\left(\dfrac{1}{4}\right) m_2 = -1$ (m_2 yw graddiant y normal)

Mae hyn yn rhoi graddiant y normal, $m_2 = -4$.

Mae hafaliad llinell syth sydd â graddiant m ac sy'n mynd trwy'r pwynt (x_1, y_1) yn cael ei roi gan:

$y - y_1 = m(x - x_1)$ lle mae $m = -4$ ac $(x_1, y_1) = (2, 3)$, felly

$y - 3 = -4(x - 2)$

$y = -4x + 11$

Enghraifft

② Hafaliad y gromlin C yw $y = \dfrac{1}{2}x^3 - 6x + 3$.

Darganfyddwch gyfesurynnau a natur pob un o bwyntiau arhosol C. [6]

(CBAC C1 Mai 2010 Cw10)

Ateb

② $y = \dfrac{1}{2}x^3 - 6x + 3$

Mae differu'n rhoi $\dfrac{dy}{dx} = \dfrac{3}{2}x^2 - 6$.

Yn y pwynt arhosol, $\dfrac{dy}{dx} = 0$.

Trwy hyn, $\dfrac{3}{2}x^2 - 6 = 0$.

Mae hyn yn rhoi $x^2 = 4$.

$x = \pm 2$ (Sylwch fod yn rhaid i chi gynnwys y ddau ddatrysiad ar gyfer $\sqrt{4}$)

Rydym ni'n darganfod y deilliad trefn dau:

$\dfrac{d^2y}{dx^2} = 3x$

> Rydym ni'n darganfod y deilliad trefn dau trwy ddifferu'r deilliad trefn un.

Pan fo $x = 2$, $\dfrac{d^2y}{dx^2} = 3 \times 2 = 6$. Mae hwn yn werth positif sy'n dangos mai minimwm y pwynt arhosol yw $x = 2$.

Pan fo $x = -2$, $\dfrac{d^2y}{dx^2} = 3 \times (-2) = -6$. Mae hwn yn werth negatif sy'n dangos mai macsimwm y pwynt arhosol yw $x = -2$.

I ddarganfod y cyfesuryn-y ar gyfer pob cyfesuryn-x y pwyntiau arhosol, rydym ni'n amnewid y cyfesuryn-x i mewn i hafaliad y gromlin.

Pan fo $x = 2$, $y = \dfrac{1}{2} \times 8 - 6 \times 2 + 3 = -5$.

Pan fo $x = -2$, $y = \dfrac{1}{2} \times (-8) - 6 \times (-2) + 3 = 11$.

Trwy hyn, mae pwynt macsimwm yn $(-2, 11)$ a phwynt minimwm yn $(2, -5)$.

Enghraifft

③ Hafaliad y gromlin C yw $y = x^2 - 8x + 10$.

  (a) Cyfesurynnau'r pwynt P yw $(3, -5)$ ac mae P ar C. Darganfyddwch hafaliad y normal i C yn P.   [5]

  (b) Mae'r pwynt Q ar C ac mae fel mai hafaliad y tangiad i C yn Q yw $y = 4x + c$, lle mae c yn gysonyn. Darganfyddwch gyfesurynnau Q a gwerth c.   [4]

  (CBAC C1 Mai 2010 Cw3)

Ateb

③ (a) Mae differu hafaliad y gromlin i ddarganfod y graddiant yn rhoi:

$\dfrac{dy}{dx} = 2x - 8$

Yn $P(3, -5)$ rydym ni'n darganfod y graddiant trwy amnewid $x = 3$ i mewn i'r mynegiad ar gyfer $\dfrac{dy}{dx}$.

Trwy hyn, $\dfrac{dy}{dx} = 2(3) - 8 = -2$.

Mae'r tangiad a'r normal yn berpendicwlar i'w gilydd, felly

$(-2)m = -1$ sy'n rhoi $m = \dfrac{1}{2}$.

> Lluoswm graddiannau llinellau perpendicwlar yw -1 (h.y. $m_1 m_2 = -1$).

Hafaliad y normal sydd â graddiant $\frac{1}{2}$ ac sy'n mynd trwy $P(3, -5)$ yw

$$y - (-5) = \frac{1}{2}(x - 3)$$

$$y + 5 = \frac{1}{2}(x - 3)$$

$$2y + 10 = x - 3$$

$$x - 2y - 13 = 0$$

(b) Mae gan y tangiad yr hafaliad $y = 4x + c$.

Graddiant y tangiad $= 4$.

Graddiant y gromlin $= \dfrac{dy}{dx} = 2x - 8$.

Trwy hyn, $2x - 8 = 4$, sy'n rhoi $x = 6$.

I ddarganfod cyfesuryn-y y pwynt Q, rydym ni'n amnewid $x = 6$ i mewn i hafaliad y gromlin.

$$y = x^2 - 8x + 10$$

$$y = 6^2 - 8(6) + 10 = 36 - 48 + 10 = -2$$

Felly, cyfesurynnau Q yw $(6, -2)$.

Gan fod y pwynt Q ar y tangiad, mae'n rhaid bod cyfesurynnau Q yn bodloni hafaliad y tangiad.

Mae amnewid $x = 6$ ac $y = -2$ i mewn i hafaliad y tangiad yn rhoi:

$$y = 4x + c$$

$$-2 = 4(6) + c$$

Mae hyn yn rhoi $c = -26$.

> Mae'r hafaliad hwn yn y ffurf $y = mx + c$.
> Yma, m yw graddiant y llinell syth.

Braslunio cromliniau syml

I fraslunio cromlin pan fyddwch chi'n cael ei hafaliad, mae angen i chi ddarganfod y canlynol:

- Cyfesurynnau'r pwyntiau arhosol ar y gromlin a'u natur (h.y. macsima, minima neu bwyntiau ffurfdro).
- Cyfesurynnau'r pwyntiau lle mae'r gromlin yn croestorri (h.y. yn croesi) yr echelin-x.
- Cyfesurynnau'r pwynt(iau) lle mae'r gromlin yn croestorri'r echelin-y.

Rydych chi eisoes wedi gweld sut i ddarganfod cyfesurynnau a natur y pwyntiau arhosol.

I ddarganfod lle mae cromlin yn croestorri'r echelin-x, rydych chi'n amnewid $y = 0$ ac yna'n datrys yr hafaliad sy'n ganlyniad i hyn mewn x.

I ddarganfod lle mae cromlin yn croestorri'r echelin-y, rydych chi'n amnewid $x = 0$ i mewn i hafaliad y gromlin.

Pan fydd gennych chi'r cyfesurynnau hyn i gyd, gallwch eu plotio nhw ar set addas o echelinau. Nid oes rhaid i chi luniadu'r graff yn fanwl gywir oherwydd mai dim ond braslun yw ef, ond mae'n rhaid i chi gynnwys cyfesurynnau'r pwyntiau a gwneud yn siŵr eich bod yn lluniadu'r gromlin yn llyfn.

Mae'r enghraifft ganlynol yn dangos y technegau hyn i gyd.

Enghraifft

① Hafaliad y gromlin C yw $y = x^2 - 2x - 3$.

   (a) Darganfyddwch gyfesurynnau a natur y pwynt arhosol yn C. [4]

   (b) Brasluniwch y gromlin $y = x^2 - 2x - 3$. [4]

Ateb

① (a) $y = x^2 - 2x - 3$

$$\frac{dy}{dx} = 2x - 2$$

Yn y pwynt arhosol, $\frac{dy}{dx} = 0$.

Trwy hyn, $2x - 2 = 0$.

Mae datrys ar gyfer x yn rhoi $x = 1$.

Rydym ni'n amnewid $x = 1$ i mewn i hafaliad y gromlin i ddarganfod y cyfesuryn-y cyfatebol.

$y = 1^2 - 2(1) - 3 = -4$

Trwy hyn, cyfesurynnau'r pwynt arhosol yw $(1, -4)$.

Rydym ni'n differu eto i ddarganfod natur y pwynt arhosol:

$$\frac{d^2y}{dx^2} = 2$$

Mae'r deilliad trefn dau yn bositif, sy'n dangos bod $(1, -4)$ yn bwynt minimwm.

> Gallai fod gofyn i chi ateb cwestiwn fel hwn gan ddefnyddio dull gwahanol, e.e. cwblhau'r sgwâr. Am wybodaeth am gwblhau'r sgwâr, edrychwch ar Destun 2 eto.

(b) I ddarganfod lle mae'r gromlin yn croestorri'r echelin-x, rydym ni'n amnewid $y = 0$ i mewn i hafaliad y gromlin.

$0 = x^2 - 2x - 3$

Mae ffactorio'n rhoi $(x - 3)(x + 1) = 0$.

Mae datrys yn rhoi $x = 3$ neu -1.

I ddarganfod lle mae'r gromlin yn croestorri'r echelin-y, rydym ni'n amnewid $x = 0$ i mewn i hafaliad y gromlin.

$y = (0)^2 - 2(0) - 3 = -3$

Nawr mae angen lluniadu set o echelinau gan wneud yn siŵr bod modd dangos yr holl bwyntiau pwysig rydym ni newydd eu darganfod.

Rhowch rifau ar bob echelin lle mae'r gromlin yn croestorri a gwnewch yn siŵr eich bod yn nodi cyfesurynnau'r pwynt arhosol ar y gromlin.

Cofiwch nodi'r ddwy echelin ac ysgrifennu'r hafaliad wrth ymyl y gromlin.

Nawr gallwch chi fraslunio'r gromlin fel hyn:

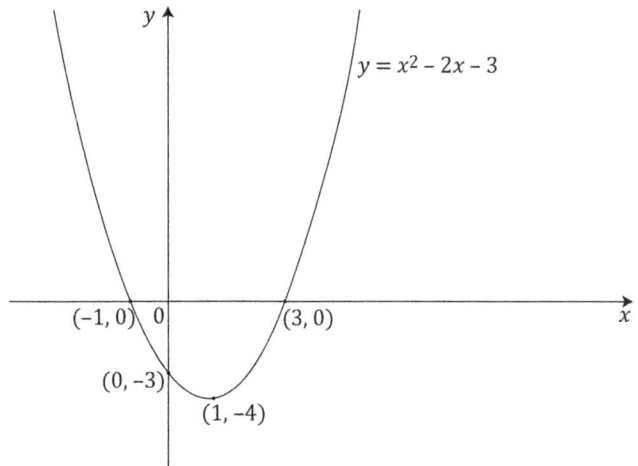

Cwestiynau tebyg i rai arholiad

① O wybod bod $y = 2x^2 - 7x + 5$, dangoswch o egwyddorion sylfaenol fod

$$\frac{dy}{dx} = 4x - 7$$ [5]

Ateb

① Bydd cynnydd bach δx yn x yn achosi cynnydd bach δy yn y.

Rydym ni'n amnewid $x + \delta x$ ac $y + \delta y$ i mewn i'r hafaliad ac mae hyn yn rhoi:

$y + \delta y = 2(x + \delta x)^2 - 7(x + \delta x) + 5$

$y + \delta y = 2(x^2 + 2x\delta x + (\delta x)^2) - 7x - 7\delta x + 5$

$y + \delta y = 2x^2 + 4x\delta x + 2(\delta x)^2 - 7x - 7\delta x + 5$

Ond $y = 2x^2 - 7x + 5$.

Mae tynnu'r hafaliadau hyn yn rhoi:

$\delta y = 4x\delta x + 2(\delta x)^2 - 7\delta x$

Rydym ni'n rhannu'r ddwy ochr â δx

$\frac{\delta y}{\delta x} = 4x + 2\delta x - 7$

Rydym ni'n gadael i $\delta x \to 0$

$\frac{dy}{dx} = \underset{\delta x \to 0}{\text{terfan}} \frac{\delta y}{\delta x} = 4x - 7$

② Differwch $6x^{\frac{2}{3}} - \frac{3}{x^3}$ mewn perthynas ag x. [2]

Ateb

② Mae ysgrifennu ar ffurf indecs yn rhoi:

$6x^{\frac{2}{3}} - 3x^{-3}$

Mae differu'n rhoi

$\left(\frac{2}{3}\right)6x^{-\frac{1}{3}} - (-3)3x^{-4} = 4x^{-\frac{1}{3}} + 9x^{-4}$

③ Hafaliad y gromlin C yw $y = x^2 - 8x + 6$. Cyfesurynnau'r pwynt A yw $(1, 2)$.

(a) Darganfyddwch hafaliad y tangiad i C yn A. [4]

(b) Darganfyddwch hafaliad y normal i C yn y pwynt A. [2]

Ateb

③ (a) $y = x^2 - 8x + 6$

Mae differu hafaliad y gromlin i ddarganfod y graddiant yn rhoi:

$\frac{dy}{dx} = 2x - 8$

Yn $A(1, 2)$ rydym ni'n darganfod y graddiant trwy amnewid $x = 1$ i mewn i'r mynegiad ar gyfer $\dfrac{dy}{dx}$.

Trwy hyn, graddiant y tangiad yn A, $\dfrac{dy}{dx} = 2(1) - 8 = -6$.

Rydym ni'n darganfod hafaliad y tangiad gan ddefnyddio'r fformiwla:

$y - y_1 = m(x - x_1)$ lle mae $m = -6$ ac $(x_1, y_1) = (1, 2)$, felly

$y - 2 = -6\,(x - 1)$

$y - 2 = -6x + 6$

$6x + y - 8 = 0$

(b) Mae'r tangiad a'r normal yn berpendicwlar i'w gilydd, ac felly gan ddefnyddio $m_1 m_2 = -1$ mae gennym ni $(-6)\,m = -1$ sy'n rhoi $m = \dfrac{1}{6}$.

Hafaliad y normal sydd â graddiant $\dfrac{1}{6}$ ac sy'n mynd trwy $A(1, 2)$ yw

$y - 2 = \dfrac{1}{6}(x - 1)$

$6y - 12 = x - 1$

$x - 6y + 11 = 0$

Profi eich hun

Atebwch y cwestiynau canlynol a gwiriwch eich atebion cyn symud ymlaen i'r testun nesaf.

① (a) O wybod bod $y = 4x^2 + 2x - 1$, darganfyddwch $\dfrac{dy}{dx}$ o egwyddorion sylfaenol.

(b) O wybod bod $y = \dfrac{8}{x^2} + 5\sqrt{x} + 1$, darganfyddwch raddiant y gromlin lle mae $x = 1$.

② Mae gan y gromlin C yr hafaliad canlynol:

$y = 4\sqrt{x} + \dfrac{32}{x} - 3$

(a) Darganfyddwch werth $\dfrac{dy}{dx}$ pan fo $x = 4$.

(b) Darganfyddwch hafaliad y normal i C yn y pwynt lle mae $x = 4$.

③ Hafaliad y gromlin C yw $y = \dfrac{2}{3}x^3 + \dfrac{1}{2}x^2 - 6x$.

Darganfyddwch gyfesurynnau pwyntiau arhosol C a darganfyddwch natur y pwyntiau hyn.

④ Mae ffwythiant yn cael ei roi gan $f(x) = \sqrt{x^3} + 2x + 5$.

Darganfyddwch a yw $f(x)$ yn ffwythiant cynyddol neu leihaol pan fo $x = 4$.

⑤ Mae corlan ddefaid i gael ei chreu gan ddefnyddio 100 m o ffens.

(a) Gan adael i hyd y gorlan fod yn x, darganfyddwch hyd a lled y gorlan a fyddai'n gwneud arwynebedd y gorlan yn facsimwm.

(b) Darganfyddwch arwynebedd y gorlan sy'n ganlyniad i hyn.

(Sylwch: mae'r atebion i'r cwestiynau 'Profi eich hun' yng nghefn y llyfr.)

1 Hafaliad y gromlin C yw $y = x^3 - 3x^2 + 3x + 5$.

(a) Dangoswch mai un pwynt arhosol yn unig sydd gan C. Darganfyddwch gyfesurynnau'r pwynt hwn. [4]

(b) Gwireddwch mai pwynt ffurfdro (*inflection*) yw'r pwynt arhosol hwn. [2]

(CBAC C1 Mai 2009 Cw10)

Ateb

1 (a) $y = x^3 - 3x^2 + 3x + 5$

$\dfrac{dy}{dx} = 3x^2 - 6x + 3 = 3(x^2 - 2x + 1) = 3(x-1)(x-1) = 3(x-1)^2$

Yn y pwyntiau arhosol, $\dfrac{dy}{dx} = 0$.

$3(x-1)^2 = 0$

Mae datrys yn rhoi $x = 1$ ac felly dim ond un pwynt arhosol sydd.

I ddarganfod cyfesuryn-y y pwynt arhosol, rydym ni'n amnewid $x = 1$ i mewn i hafaliad y gromlin.

$y = 1^3 - 3(1)^2 + 3(1) + 5 = 6$

Felly, mae pwynt arhosol y gromlin C yn $(1, 6)$.

(b) Rydym ni'n edrych ar y graddiant y naill ochr a'r llall i'r pwynt arhosol yn $x = 1$.

Pan fo $x = 2$, $\dfrac{dy}{dx} = 3(2)^2 - 6(2) + 3 = 3$.

Pan fo $x = 0$, $\dfrac{dy}{dx} = 3(0)^2 - 6(0) + 3 = 3$.

Nid yw arwydd y graddiant yn newid y naill ochr a'r llall i'r pwynt arhosol. Felly mae hyn yn profi bod y pwynt arhosol yn bwynt ffurfdro.

2 (a) O wybod bod $y = 3x^2 - 7x - 5$, darganfyddwch $\dfrac{dy}{dx}$ o egwyddorion sylfaenol. [5]

(b) O wybod bod $y = ax^{\frac{5}{2}}$ a bod $\dfrac{dy}{dx} = -2$ pan fydd $x = 4$, darganfyddwch werth y cysonyn a. [3]

(CBAC C1 Ionawr 2010 Cw6)

Ateb

2 (a) $y = 3x^2 - 7x - 5$

Bydd cynnydd bach δx yn x yn achosi cynnydd bach δy yn y.

Rydym ni'n amnewid $x + \delta x$ ac $y + \delta y$ i mewn i'r hafaliad ac mae hyn yn rhoi:

$y + \delta y = 3(x + \delta x)^2 - 7(x + \delta x) - 5$

$y + \delta x = 3(x^2 + 2x\delta x + (\delta x)^2) - 7x - 7\delta x - 5$

$y + \delta y = 3x^2 + 6x\delta x + 3(\delta x)^2 - 7x - 7\delta x - 5$

Ond $y = 3x^2 - 7x - 5$.

Mae tynnu'r hafaliadau hyn yn rhoi:

$\delta y = 6x\delta x + 3(\delta x)^2 - 7\delta x$

Rydym ni'n rhannu'r ddwy ochr â δx

$\dfrac{\delta y}{\delta x} = 6x + 3\delta x - 7$

Rydym ni'n gadael i $\delta x \to 0$

$\dfrac{dy}{dx} = \text{terfan}_{\delta x \to 0} \dfrac{\delta y}{\delta x} = 6x - 7$

(b) $y = ax^{\frac{5}{2}}$

$\dfrac{dy}{dx} = \dfrac{5}{2}ax^{\frac{3}{2}}$

$\dfrac{dy}{dx} = \dfrac{5}{2}a\sqrt{x^3}$

Mae $\dfrac{dy}{dx} = -2$ pan fo $x = 4$.

Trwy hyn, $-2 = \dfrac{5}{2}a\sqrt{64}$.

Mae datrys ar gyfer a yn rhoi $a = -\dfrac{1}{10}$.

> Cofiwch: i ddiferu rydych chi'n lluosi â'r indecs ac yna'n lleihau'r indecs gan 1.

> Mae enwadur (h.y. rhan isaf) pŵer ffracsiynol yn golygu isradd (mae'r 2 yma yn golygu ail isradd). Mae'r rhifiadur yn y pŵer ffracsiynol yn golygu'r pŵer mae'r rhif yn cael ei godi iddo. Os ydych chi'n ansicr ynghylch indecsau, edrychwch ar Destun 1 eto.

Crynodeb C1 Mathemateg Bur

1 Indecsau

Lluosi

$a^m \times a^n = a^{m+n}$

Rydym ni'n adio'r indecsau at ei gilydd.

Rhannu

$a^m \div a^n = a^{m-n}$

Rydym ni'n tynnu'r indecsau (h.y. pŵer y rhan uchaf minws pŵer y rhan isaf).

Pŵer wedi'i godi i bŵer

$(a^m)^n = a^{m \times n}$

Rydym ni'n lluosi'r indecsau â'i gilydd.

Pwerau negatif

$a^{-m} = \dfrac{1}{a^m}$

Pŵer sero

Os $a \neq 0$, $a^0 = 1$

Pwerau ffracsiynol

$a^{\frac{m}{n}} = \sqrt[n]{a^m} = \left(\sqrt[n]{a}\right)^m$

Pwerau ffracsiynol negatif

$a^{-\frac{m}{n}} = \dfrac{1}{a^{\frac{m}{n}}} = \dfrac{1}{\sqrt[n]{a^m}}$ neu $\dfrac{1}{\left(\sqrt[n]{a}\right)^m}$

Syrdiau

Triniaeth syml o syrdiau

$\sqrt{a} \times \sqrt{a} = a$

$\sqrt{a} \times \sqrt{b} = \sqrt{ab}$

$(\sqrt{a} + \sqrt{b})(\sqrt{a} - \sqrt{b}) = a - b$

Cymarebu syrdiau

Rydym ni'n osgoi cael syrdiau yn yr enwadur. Yr enw ar gael gwared â nhw yw cymarebu'r enwadur.

$\dfrac{a}{b\sqrt{c}} = \dfrac{a}{b\sqrt{c}} \times \dfrac{\sqrt{c}}{\sqrt{c}} = \dfrac{a\sqrt{c}}{bc}$

(Yma rydym ni'n cymarebu'r enwadur trwy luosi'r rhan uchaf a'r rhan isaf â $\sqrt{c}$.)

$\dfrac{a}{\sqrt{b} \pm \sqrt{c}} = \dfrac{a}{(\sqrt{b} \pm \sqrt{c})} \times \dfrac{(\sqrt{b} \mp \sqrt{c})}{(\sqrt{b} \mp \sqrt{c})} = \dfrac{a\sqrt{b} \mp a\sqrt{c}}{b - c}$

(Yma rydym ni'n cymarebu'r enwadur trwy luosi rhan uchaf a rhan isaf y mynegiad â chyfiau'r enwadur.)

2 Ffwythiannau a hafaliadau cwadratig

Cwblhau'r sgwâr

Gallwn ni ysgrifennu mynegiad cwadratig $ax^2 + bx + c$ yn y ffurf $a(x + p)^2 + q$. Yr enw ar hyn yw cwblhau'r sgwâr. Gallwn ni ddefnyddio cwblhau'r sgwâr pan na allwn ni ddatrys hafaliad cwadratig trwy ffactorio neu pan fyddwn ni eisiau darganfod gwerth macsimwm neu werth minimwm ffwythiant cwadratig.

Datrys/darganfod gwreiddiau hafaliad cwadratig pan na allwn ei ffactorio neu pan na allwn ei ffactorio yn hawdd

Mae gwreiddiau/datrysiadau $ax^2 + bx + c = 0$ yn cael eu rhoi gan $x = \dfrac{-b \pm \sqrt{b^2 - 4ac}}{2a}$.

Cofiwch y fformiwla hon gan **na** fydd yn y llyfryn fformiwlâu.

Gwahanolion ffwythiannau cwadratig

Gwahanolyn $ax^2 + bx + c$ yw $b^2 - 4ac$.

Ar gyfer yr hafaliad $ax^2 + bx + c = 0$:

Os yw $b^2 - 4ac > 0$, yna mae dau wreiddyn real a gwahanol.

Os yw $b^2 - 4ac = 0$, yna mae dau wreiddyn real a hafal.

Os yw $b^2 - 4ac < 0$, yna does dim gwreiddiau real.

Ffwythiannau cwadratig a'u graffiau

Yn gyntaf, ysgrifennu'r hafaliad $y = ax^2 + bx + c$ yn y ffurf $y = a(x + p)^2 + q$.

O'r hafaliad hwn:

Os yw $a > 0$ bydd y gromlin ar siâp $\cup$.

Os yw $a < 0$ bydd y gromlin ar siâp $\cap$.

Bydd y pwynt macsimwm neu'r pwynt minimwm yn $(-p, q)$.

Yr echelin cymesuredd fydd $x = -p$.

Datrys anhafaleddau llinol

Datryswch nhw yn yr un ffordd ag y byddech chi'n datrys hafaliadau llinol cyffredin, ond cofiwch gildroi'r anhafaledd os byddwch chi'n lluosi neu'n rhannu'r ddwy ochr â maint negatif.

Datrys anhafaleddau cwadratig

Ystyriwch fod y ffwythiant cwadratig yn hafal i sero a datryswch i ddarganfod gwerthoedd x lle mae'r gromlin yn croestorri'r echelin-x.

Lluniadwch fraslun o'r graff gan ddangos y rhyngdoriadau ar yr echelin-x.

Os yw $ax^2 + bx + c < 0$ yna mae amrediad gwerthoedd x yn cynnwys y rhanbarth sy'n is na'r echelin-x.

Os yw $ax^2 + bx + c > 0$ yna mae amrediad gwerthoedd x yn cynnwys y rhanbarth sy'n uwch na'r echelin-x.

Os bydd yr anhafaledd yn cynnwys hafalnod, yna bydd amrediad gwerthoedd x yn cynnwys y gwerthoedd lle mae'n croestorri'r echelin-x.

Trawsffurfiadau'r graff $y = f(x)$

Rydym ni'n gallu trawsffurfio graff $y = f(x)$ yn ffwythiant newydd gan ddefnyddio'r rheolau sydd i'w gweld yn y tabl hwn.

Ffwythiant gwreiddiol	Ffwythiant newydd	Trawsffurfiad
$y = f(x)$	$y = f(x) + a$	Trawsfudiad o a uned yn baralel i'r echelin-y (h.y. trawsfudiad o $\begin{pmatrix} 0 \\ a \end{pmatrix}$).
	$y = f(x + a)$	Trawsfudiad o a uned i'r chwith yn baralel i'r echelin-x (h.y. trawsfudiad o $\begin{pmatrix} -a \\ 0 \end{pmatrix}$).
	$y = f(x - a)$	Trawsfudiad o a uned i'r dde yn baralel i'r echelin-x (h.y. trawsfudiad o $\begin{pmatrix} a \\ 0 \end{pmatrix}$).
	$y = -f(x)$	Adlewyrchiad yn yr echelin-x.
	$y = af(x)$	Estyniad unffordd gyda ffactor graddfa a yn baralel i'r echelin-y.
	$y = f(ax)$	Estyniad unffordd gyda ffactor graddfa $\frac{1}{a}$ yn baralel i'r echelin-x.

Ffwythiant gwreiddiol	Ffwythiant newydd	Trawsffurfiad
$y = f(x)$	$y = f(x) + a$	

Ffwythiant gwreiddiol	Ffwythiant newydd	Trawsffurfiad
	$y = f(x + a)$	
	$y = f(x - a)$	
	$y = -f(x)$	
	$y = af(x)$ E.e. $y = 2f(x)$	
	$y = f(ax)$ E.e. $y = f(2x)$	

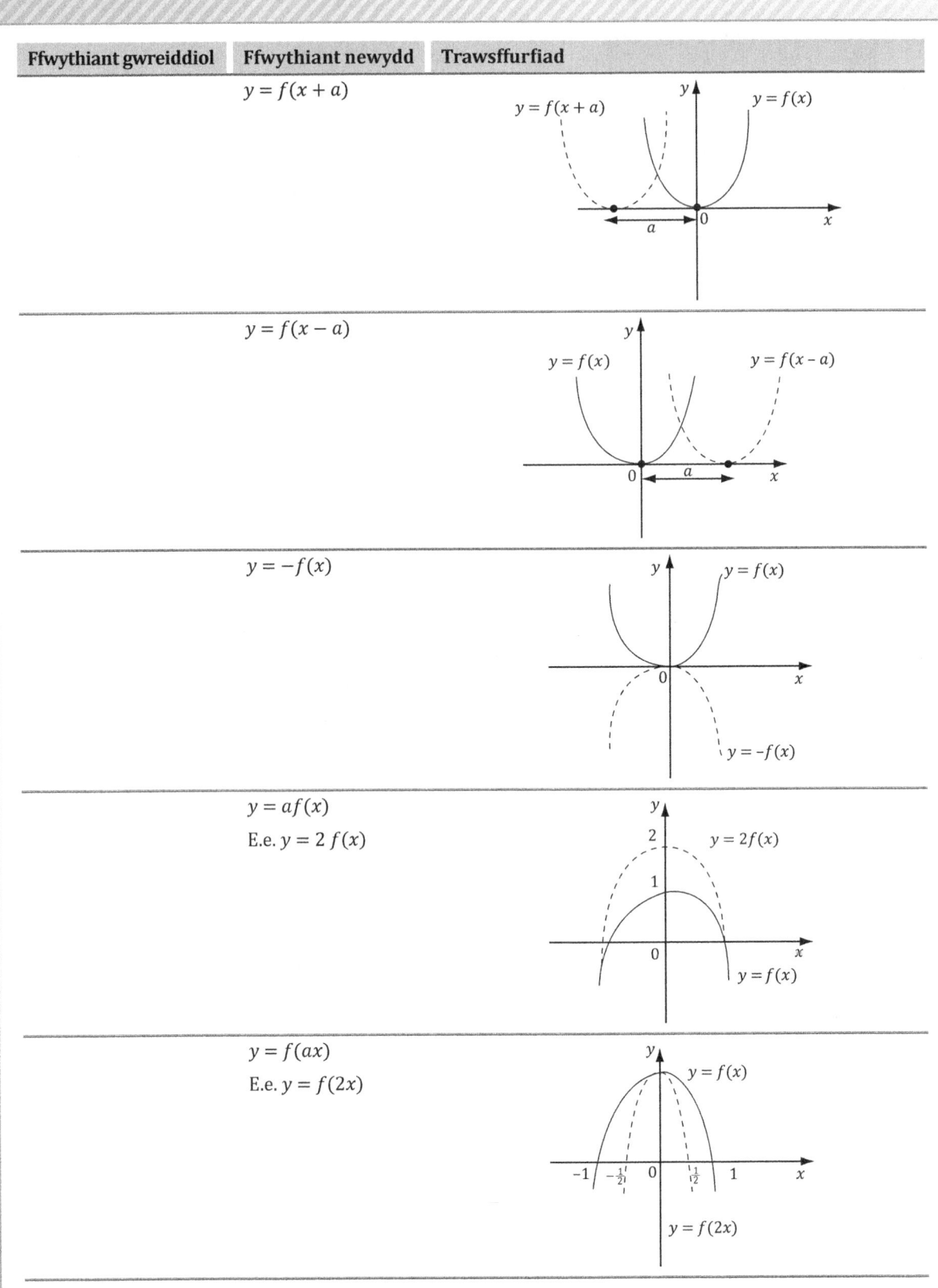

3 Geometreg gyfesurynnol a llinellau syth

Graddiant y llinell sy'n cysylltu dau bwynt

Mae graddiant y llinell sy'n cysylltu'r pwyntiau (x_1, y_1) ac (x_2, y_2) yn cael ei roi gan:

Graddiant $= \dfrac{y_2 - y_1}{x_2 - x_1}$

Hyd llinell sy'n cysylltu dau bwynt

Mae hyd llinell syth sy'n cysylltu'r ddau bwynt (x_1, y_1) ac (x_2, y_2) yn cael ei roi gan:

$\sqrt{(x_2 - x_1)^2 + (y_2 - y_1)^2}$

Canolbwynt y llinell sy'n cysylltu dau bwynt

Mae canolbwynt llinell sy'n cysylltu'r pwyntiau (x_1, y_1) ac (x_2, y_2) yn cael ei roi gan:

$\left(\dfrac{x_1 + x_2}{2}, \dfrac{y_1 + y_2}{2} \right)$

Hafaliad llinell syth

Mae hafaliad llinell syth sydd â graddiant m ac sy'n mynd trwy bwynt (x_1, y_1) yn cael ei roi gan:

$y - y_1 = m(x - x_1)$

Amod sy'n gwneud dwy linell syth yn baralel i'w gilydd

Rhaid bod gan y llinellau yr un graddiant.

Amod sy'n gwneud dwy linell syth yn berpendicwlar i'w gilydd

Os graddiant un llinell yw m_1 a graddiant y llinell arall yw m_2, yna mae'r llinellau'n berpendicwlar i'w gilydd os yw $m_1 m_2 = -1$.

4 Polynomialau a'r ehangiad binomaidd

Theorem y gweddill

Yn ôl theorem y gweddill:

Os caiff polynomial $f(x)$ ei rannu â $(x - a)$, y gweddill yw $f(a)$.

Theorem y ffactor

Ar gyfer polynomial $f(x)$, os yw $f(a) = 0$ yna mae $(x - a)$ yn ffactor o $f(x)$.

Ehangiad binomaidd $(a + b)^n$ ar gyfer y cyfanrif positif n

$$(a+b)^n = a^n + \binom{n}{1}a^{n-1}b + \binom{n}{2}a^{n-2}b^2 + \ldots + \binom{n}{r}a^{n-r}b^r + \ldots + b^n$$

$$\binom{n}{r} = {}^nC_r = \frac{n!}{r!(n-r)!}$$

Ehangiad binomaidd $(1 + x)^n$ ar gyfer y cyfanrif positif n

$$(1+x)^n = 1 + nx + \frac{n(n-1)}{2!}x^2 + \frac{n(n-1)(n-2)}{3!}x^3 + \ldots \qquad + \frac{n(n-1)\ldots(n-r+1)}{r!}x^r + \ldots$$

5 Differu

Differu

I ddifferu termau mynegiad polynomaidd, rydym ni'n lluosi â'r indecs ac yna'n lleihau'r indecs gan 1.

Os yw $y = kx^n$, yna mae'r deilliad $\frac{dy}{dx} = nkx^{n-1}$.

Ffwythiannau cynyddol neu leihaol

I ddarganfod a yw cromlin neu ffwythiant yn gynyddol neu'n lleihaol mewn pwynt penodol:

Differu hafaliad y gromlin neu'r ffwythiant.

Amnewid gwerth x y pwynt penodol i mewn i'r mynegiad ar gyfer y deilliad i weld a yw'r graddiant yn bositif neu'n negatif. Os yw'r gwerth yn bositif, mae'r ffwythiant yn gynyddol yn y pwynt penodol, ac os yw'r gwerth yn negatif, mae'r ffwythiant yn lleihaol.

Darganfod pwynt arhosol

Amnewid $\frac{dy}{dx} = 0$ a datrys yr hafaliad sy'n ganlyniad i hyn i ddarganfod gwerth neu werthoedd x yn y pwyntiau arhosol.

Amnewid gwerth neu werthoedd x i mewn i hafaliad y gromlin i ddarganfod y cyfesuryn(nau)-y cyfatebol.

Darganfod a yw pwynt arhosol yn bwynt macsimwm (uchafbwynt) neu'n bwynt minimwm (isafbwynt)

Differu'r deilliad trefn un (h.y. $\frac{dy}{dx}$) i ddarganfod y deilliad trefn dau (h.y. $\frac{d^2y}{dx^2}$).

Amnewid cyfesuryn-x y pwynt arhosol i mewn i'r mynegiad ar gyfer $\frac{d^2y}{dx^2}$.

Os yw'r gwerth sy'n ganlyniad i hyn yn negatif, yna mae'r pwynt arhosol yn bwynt macsimwm. Os yw'r gwerth sy'n ganlyniad i hyn yn bositif, yna mae'r pwynt arhosol yn bwynt minimwm. Os yw $\frac{d^2y}{dx^2} = 0$, yna mae'r canlyniad yn amhendant ac mae angen ymchwilio ymhellach.

Darganfod a yw pwynt arhosol yn bwynt ffurfdro

Amnewid cyfesuryn-x pwynt y naill ochr a'r llall i'r pwynt arhosol i mewn i'r mynegiad ar gyfer $\frac{dy}{dx}$ ac os oes gan y graddiant yr un arwydd, yna mae'r pwynt arhosol yn bwynt ffurfdro.

Braslunio cromliniau

Darganfod y croestorfannau â'r echelin-x a'r echelin-y trwy amnewid $y = 0$ ac $x = 0$ yn eu tro ac yna datrys yr hafaliadau sy'n ganlyniad i hyn.

Darganfod y pwyntiau arhosol a'u natur (h.y. macsimwm, minimwm, pwynt ffurfdro).

Plotio'r uchod ar set o echelinau.

Mae'n bwysig nodi bod macsima a minima yn bwyntiau macsimwm a phwyntiau minimwm lleol yn unig, ac nid o reidrwydd y gwerthoedd macsimwm neu werthoedd minimwm ar gyfer ffwythiant. Er enghraifft, mae graff hafaliad ciwbig yn dangos hyn yn glir.

Uned C2 Mathemateg Bur 2

Mae Uned C2 yn ymdrin â Mathemateg Bur ac mae'n ceisio adeiladu ar y wybodaeth a gawsoch chi o'ch astudiaethau C1. Felly, efallai y bydd angen i chi edrych eto ar y gwaith hwn. Rhaid i chi fod â'r gallu i ddefnyddio damcaniaethau a thechnegau mathemategol fel datrys hafaliadau llinol a chwadratig syml, trawsddodi fformiwlâu, trin algebra, ac yn y blaen. Efallai y bydd angen i chi edrych eto ar eich gwaith TGAU.

Bydd yr unedau Mathemateg Bur eraill, yn ogystal â'r unedau mewn mecaneg neu ystadegaeth y byddwch chi'n eu hastudio, yn adeiladu ar y wybodaeth, y sgiliau a'r ddealltwriaeth o'r deunydd yn C2. Pan fyddwch chi'n cwblhau'r unedau eraill hyn bydd disgwyl bod gennych chi wybodaeth drylwyr o'r deunydd y mae C1 ac C2 yn ymdrin ag ef.

Rhestr wirio adolygu

Ticiwch golofn 1 pan fyddwch chi wedi cwblhau'r nodiadau i gyd.

Ticiwch golofn 2 pan fyddwch chi'n meddwl eich bod yn deall y testun yn dda.

Ticiwch golofn 3 yn ystod yr adolygu terfynol pan fyddwch chi'n teimlo eich bod wedi meistroli'r testun.

		1	2	3	Nodiadau
1 Dilyniannau, cyfresi rhifyddol a chyfresi geometrig					
t89	Dilyniannau a chyfresi rhifyddol				
t91	Arwydd symiant a'i ddefnyddio				
t93	Dilyniannau a chyfresi geometrig				
2 Logarithmau a'u defnyddio					
t101	$y = a^x$ a'i graff				
t102	Logarithmau a'u profi				
t104	Datrys hafaliadau sydd yn y ffurf $a^x = b$				
3 Geometreg gyfesurynnol y cylch					
t111	Hafaliad cylch				
t112	Nodweddion cylch				
t113	Darganfod hafaliad tangiad i gylch				
t114	Darganfod lle mae cylch a llinell syth yn croestorri neu'n cyffwrdd				
t115	Defnyddio'r gwahanolyn i nodi neu ddangos a yw llinell a chylch yn croestorri ac, os felly, sawl gwaith				
4 Trigonometreg					
t124	Ffwythiannau sin, cos a tan a'u hunion werthoedd				
t126	Darganfod onglau o wybod cymhareb drigonometrig				
t128	Rheolau sin a cos				
t129	Arwynebedd triongl				
t132	Mesur mewn radianau, hyd arc, arwynebedd sector ac arwynebedd segment				
t135	Graffiau sin, cos a tan a'u cyfnodedd				

		1	2	3	Nodiadau
t137	Gwybodaeth a defnydd o $\tan \theta = \dfrac{\sin \theta}{\cos \theta}$ a $\cos^2 \theta + \sin^2 \theta = 1$				
t137	Datrys hafaliadau trigonometrig syml mewn cyfwng penodol				
	5 Integru				
t146	Integru amhendant fel y broses wrthdro i ddifferu				
t148	Brasamcan ar gyfer arwynebedd y rhanbarth o dan gromlin gan ddefnyddio rheol y trapesiwm				
t149	Goramcangyfrif a thanamcangyfrif arwynebeddau gan ddefnyddio rheol y trapesiwm				
t151	Dehongli'r integryn pendant fel arwynebedd y rhanbarth o dan gromlin				

Testun 1 — Dilyniannau, cyfresi rhifyddol a chyfresi geometrig

Mae'r testun hwn yn ymdrin â'r canlynol:

- Dilyniannau
- Cyfresi rhifyddol
- Cyfresi geometrig

Dilyniannau a chyfresi rhifyddol

Mewn dilyniant rhifyddol, mae gan dermau olynol wahaniaeth cyffredin d rhyngddynt.

Ystyriwch y dilyniant canlynol, er enghraifft, 2, 5, 8, 11 …

Yn y dilyniant uchod, y term cyntaf yw 2 a'r gwahaniaeth cyffredin yw 3. Gallwn ni ddarganfod y gwahaniaeth cyffredin trwy gymryd unrhyw derm heblaw'r term cyntaf a'i dynnu o'r term blaenorol.

Os yw'r dilyniant yn dechrau â'r term cyntaf a, yna mae'n parhau fel hyn:

	$a,$	$a + d,$	$a + 2d,$	$a + 3d$ …
Term:	1af	2il	3ydd	4ydd

Gallwn ni ysgrifennu termau cyfres rifyddol yn y ffordd ganlynol:

$t_1 = a$, $t_2 = a + d$, $t_3 = a + 2d$, ac yn y blaen.

O'r patrwm yn y termau gallwn ni weld bod yr $n$fed term $t_n = a + (n - 1)d$.

Profi'r fformiwla ar gyfer swm cyfres rifyddol

Caiff cyfres rifyddol ei ffurfio pan fydd termau dilyniant rhifyddol yn cael eu hadio at ei gilydd.

Gallwn ni ysgrifennu swm n term cyfres rifyddol fel:

$$S_n = a + (a + d) + (a + 2d) + … + (a + (n - 1)d) \qquad (1)$$

Mae'r swm uchod yn dechrau o'r term cyntaf ac yn adio termau olynol hyd at y term olaf.

Wrth gildroi swm y gyfres gan ddechrau o'r term olaf, y gallwn ni ei alw yn l, mae hyn yn rhoi:

$$S_n = l + (l - d) + (l - 2d) + … + (l - (n - 1)d) \qquad (2)$$

Mae adio (1) a (2) at ei gilydd yn rhoi:

$$2S_n = (a + l) + (a + l) + (a + l) + … (a + l)$$

Sylwch yn yr uchod fod yr $(a + l)$ i'w weld n gwaith.

Trwy hyn, gallwn ni ysgrifennu:

$$2S_n = n(a + l)$$

$$S_n = \frac{n}{2}(a + l)$$

Gallwn ni ysgrifennu'r term olaf, l, fel $l = a + (n - 1)d$.

> Rhaid i chi gofio'r prawf hwn oherwydd efallai y bydd gofyn i chi brofi'r fformiwla $S_n = \frac{n}{2}[2a + (n - 1)d]$ yn yr arholiad. Mae'r fformiwla ar gyfer swm cyfres rifyddol, $S_n = \frac{n}{2}(a + l)$, yn gallu bod yn fersiwn defnyddiol o'r fformiwla hon ar adegau.

Felly $S_n = \dfrac{n}{2}(a + a + (n-1)d)$

$$S_n = \dfrac{n}{2}\left[2a + (n-1)d\right]$$

Mae'r fformiwla uchod yn y llyfryn fformiwlâu.

Enghraifft

① Darganfyddwch swm 20 term cyntaf y gyfres rifyddol sy'n dechrau

4 + 11 + 18 + 25 + ...

Ateb

① Y term cyntaf $a = 4$ a'r gwahaniaeth cyffredin $d = 11 - 4 = 7$.

$S_n = \dfrac{n}{2}\left[2a + (n-1)d\right]$

> Mae'r fformiwla hon yn y llyfryn fformiwlâu.

$S_{20} = \dfrac{20}{2}\left[2 \times 4 + (20 - 1)7\right]$

$S_{20} = 1410$

Enghraifft

② (a) Term cyntaf cyfres rifyddol yw a a'r gwahaniaeth cyffredin yw d. Profwch y caiff swm n term cyntaf y gyfres ei roi gan $S_n = \dfrac{n}{2}\left[2a + (n-1)d\right]$. [3]

(b) Wythfed term cyfres rifyddol yw 28. Swm ugain term cyntaf y gyfres yw 710. Darganfyddwch derm cyntaf a gwahaniaeth cyffredin y gyfres rifyddol. [5]

(c) Term cyntaf cyfres rifyddol arall yw −3 a'r pymthegfed term yw 67. Darganfyddwch swm pymtheg term cyntaf y gyfres rifyddol hon. [2]

(CBAC C2 Ionawr 2011 Cw4)

Ateb

② (a) Ar gyfer yr ateb hwn, edrychwch ar yr adran 'Profi'r fformiwla ar gyfer swm cyfres rifyddol' ar dudalen 09.

(b) $t_n = a + (n-1)d$

$t_8 = a + 7d$

$28 = a + 7d$ (1)

$S_n = \dfrac{n}{2}\left[2a + (n-1)d\right]$

> Mae llawer o'r cwestiynau arholiad yn y testun hwn yn gofyn i chi greu hafaliadau gan ddefnyddio'r wybodaeth sy'n cael ei rhoi yn y cwestiwn ac yna eu datrys nhw'n gydamserol i ddarganfod a a d.

$S_{20} = \dfrac{20}{2}\left[2a + 19d\right]$

$710 = 10(2a + 19d)$

$71 = 2a + 19d$ (2)

Rydym ni'n datrys hafaliadau (1) a (2) yn gydamserol.

Rydym ni'n rhannu'r ddwy ochr â 10.

$$71 = 2a + 19d$$
$$56 = 2a + 14d$$
$$\overline{\hspace{4cm}}$$

Rydym ni'n lluosi hafaliad (1) â 2 cyn tynnu.

Rydym ni'n tynnu $15 = 5d$

sy'n rhoi $d = 3$.

Mae amnewid $d = 3$ i mewn i hafaliad (1) yn rhoi:

$28 = a + 21$

sy'n rhoi $a = 7$.

Trwy hyn, y gwahaniaeth cyffredin yw 3 a'r term cyntaf yw 7.

(c) $t_n = a + (n-1)d$

15fed term $= -3 + 14d$

$67 = -3 + 14d$

Mae datrys yn rhoi $d = 5$

$$S_n = \frac{n}{2}\left[2a + (n-1)d\right]$$

$$S_{15} = \frac{15}{2}\left[-6 + 14 \times 5\right]$$

$$= 480$$

Trwy ddefnyddio'r fformiwla yn y ffurf $S_n = \frac{n}{2}(a+l)$, gallwn ni ddarganfod yr ateb yn haws, h.y. $S_{15} = \frac{15}{2}(-3+67) = 480$.

Arwydd symiant a'i ddefnyddio

Os ydych chi eisiau adio pedwar term cyntaf dilyniant rhifyddol i ffurfio cyfres rifyddol, gallwch chi ei ysgrifennu fel hyn:
$t_1 + t_2 + t_3 + t_4$

Gallwch chi ysgrifennu hyn yn y ffordd ganlynol gan ddefnyddio arwydd symiant Σ.

$$\sum_{n=1}^{4} t_n$$

Mae hyn yn golygu swm y termau o $n = 1$ i 4.

Ystyriwch yr enghraifft ganlynol. Yma rydym ni'n darganfod y termau trwy amnewid $n = 1$, $n = 2$, $n = 3$, $n = 4$ ac $n = 5$ i mewn i $(2n + 3)$. Rydym ni'n adio'r termau at ei gilydd i ffurfio'r gyfres.

$$\sum_{n=1}^{5}(2n + 3) = 5 + 7 + 9 + 11 + 13 = 45$$

Enghraifft

① Enrhifwch

$$\sum_{n=1}^{3} n(n+1)$$

Ateb

① $\sum_{n=1}^{3} n(n+1) = 1 \times 2 + 2 \times 3 + 3 \times 4 = 2 + 6 + 12 = 20$

Enghraifft

② Enrhifwch

$$\sum_{n=1}^{100} (2n-1)$$

Ateb

② Y gyfres yw $1 + 3 + 5 + 7 + 9 \dots$

Y term cyntaf $a = 1$ a'r gwahaniaeth cyffredin $d - 2$.

$S_n = \dfrac{n}{2}[2a + (n-1)d]$

$S_{100} = \dfrac{100}{2}[2 \times 1 + (100 - 1)2]$

$S_{100} = 50[2 + 99 \times 2]$

$S_{100} = 10\,000$

> Rydym ni'n dechrau trwy ysgrifennu'r termau cyntaf er mwyn darganfod a a d.

> Mae'r fformiwla hon yn y llyfryn fformiwlâu.

> Cofiwch wneud y lluosi cyn yr adio yn y cromfachau sgwâr.

Enghraifft

③ Mae $n$fed term dilyniant rhif yn cael ei ddynodi gan t_n.

Mae $(n + 1)$fed term y dilyniant yn bodloni $t_{n+1} = 2t_n - 3$

ar gyfer pob cyfanrif positif n a $t_4 = 33$.

(a) Enrhifwch t_1. [2]

(b) Eglurwch pam na all 40 098 fod yn un o dermau'r dilyniant rhif hwn. [1]

Ateb

③ (a) $t_{n+1} = 2t_n - 3$

$\qquad t_4 = 2t_3 - 3$

$\qquad 33 = 2t_3 - 3$

Mae datrys yn rhoi $t_3 = 18$

$t_3 = 2t_2 - 3$

$18 = 2t_2 - 3$

> Rydym ni'n gweithio'n ôl trwy amnewid t_4 i mewn i'r hafaliad i ddarganfod t_3. Rydym ni'n gwneud hyn eto trwy amnewid t_3 i mewn i ddarganfod t_2. Yn olaf, rydym ni'n amnewid t_2 i mewn i ddarganfod yr ateb t_1.

Mae datrys yn rhoi $t_2 = \dfrac{21}{2}$

$t_2 = 2t_1 - 3$

$\dfrac{21}{2} = 2t_1 - 3$

Mae datrys yn rhoi $t_1 = \dfrac{27}{4}$

(b) $t_{n+1} = 2t_n - 3$

> Edrychwch yn ofalus ar yr hafaliad i weld beth fyddai'n digwydd pe bai t_n yn odrif neu'n eilrif.

Bydd dyblu t_n bob amser yn arwain at eilrif pan fo t_n yn rhif cyfan (h.y. o t_3 ymlaen).

Mae tynnu 3 o eilrif bob amser yn rhoi odrif.

Mae 40 098 yn eilrif ac felly ni all fod yn un o dermau'r dilyniant.

Dilyniannau a chyfresi geometrig

Dyma enghraifft o ddilyniant geometrig: 1, 5, 25, 125, ...

O'r ail derm ymlaen, os gwnewch chi rannu un term â'r term blaenorol, fe gewch chi'r un rhif. Yr enw ar hyn yw cymhareb gyffredin.

Yn y gyfres hon y gymhareb gyffredin yw $\dfrac{25}{5} = 5$.

Os yw'r term cyntaf yn a a'r gymhareb gyffredin yn r, yna gallwn ni ysgrifennu dilyniant geometrig fel: $a, ar, ar^2, ar^3, \ldots$

Felly mae'r term cyntaf $t_1 = a$, yr ail derm $t_2 = ar$, y trydydd term $t_3 = ar^2$, ac yn y blaen. Sylwch fod pŵer r un yn llai na rhif y term.

Gallwn ni weld bod yr nfed term $t_n = ar^{n-1}$.

Rydym ni'n darganfod y gymhareb gyffredin trwy rannu unrhyw derm heblaw'r term cyntaf â'i derm blaenorol.

Trwy hyn, $\dfrac{t_2}{t_1} = \dfrac{ar}{a} = r$, $\dfrac{t_3}{t_2} = \dfrac{ar^2}{ar} = r$, ac yn y blaen.

Profi'r fformiwla ar gyfer swm cyfres geometrig

Rydym ni'n darganfod cyfres geometrig trwy adio termau olynol dilyniant geometrig:

$a + ar + ar^2 + ar^3 + \ldots + ar^{n-1}$

Gallwn ni ysgrifennu swm n term cyfres geometrig fel:

$S_n = a + ar + ar^2 + ar^3 + \ldots + ar^{n-1}$ \hfill (1)

Mae lluosi S_n â r yn rhoi:

$rS_n = ar + ar^2 + ar^3 + \ldots + ar^n$ \hfill (2)

Mae tynnu hafaliad (2) o hafaliad (1) yn rhoi:

$S_n - rS_n = a - ar^n$

$S_n(1-r) = a(1-r^n)$

$S_n = \dfrac{a(1-r^n)}{1-r}$ ar yr amod bod $r \neq 1$

> Mae'r fformiwla hon yn y llyfryn fformiwlâu.

Enghraifft

① Pumed term dilyniant geometrig yw 96 a'r wythfed term yw 768. Darganfyddwch y gymhareb gyffredin a'r term cyntaf.

Ateb

① $t_5 = ar^4 = 96$

$t_8 = ar^7 = 768$

Rydym ni'n rhannu'r ddau derm hyn $\dfrac{ar^7}{ar^4} = r^3 = \dfrac{768}{96} = 8$.

Trwy hyn, $r^3 = 8$, felly y gymhareb gyffredin $r = 2$

$ar^4 = 96$

Felly $a(2)^4 = 96$

sy'n rhoi'r term cyntaf $a = 6$.

> Sylwch: wrth rannu'r termau, mae a yn canslo gan adael mynegiad mewn r yn unig.

Swm i anfeidredd cyfres geometrig gydgyfeiriol

Mae'r gyfres ganlynol yn gydgyfeiriol: $1 + \dfrac{1}{2} + \dfrac{1}{4} + \dfrac{1}{8} + \dots$

Mae hyn yn golygu bod termau olynol yn mynd yn llai o ran maint a bod S_n yn agosáu at werth terfannol arbennig. Wrth i $n \longrightarrow \infty$, rydym ni'n galw swm yr holl dermau yn S_∞, sef y swm i anfeidredd. Mae swm i anfeidredd cyfres geometrig yn cael ei roi gan:

$$S_\infty = \frac{a}{1-r} \text{ ar yr amod bod } |r| < 1 \quad \left(S_n = \frac{a(1-r^n)}{1-r} \text{ ar yr amod bod } r \neq 1\right).$$

Ar gyfer cyfres geometrig, $S_n = \dfrac{a(1-r^n)}{1-r} = \dfrac{a}{1-r} - \dfrac{ar^n}{1-r}$

Os yw $|r| < 1$, mae r^n yn mynd yn fach iawn wrth i $n \longrightarrow \infty$.

Mae hyn yn golygu bod $\dfrac{ar^n}{1-r} \longrightarrow 0$ wrth i $n \longrightarrow \infty$.

Trwy hyn, $S_n \longrightarrow \dfrac{a}{1-r}$ wrth i $n \longrightarrow \infty$.

Os yw r â gwerth nad yw yn yr amrediad $|r| < 1$, mae termau olynol yn y gyfres yn mynd yn fwy, ac felly mae'r gyfres yn ddargyfeiriol ac ni chaiff gwerth terfannol terfynol ei gyrraedd. Yn yr achos hwn, ni fyddai S_∞ yn bodoli.

Enghraifft

① (a) Darganfyddwch swm i anfeidredd y gyfres geometrig

$40 - 24 + 14 \cdot 4 - \dots$ [3]

(b) Term cyntaf cyfres geometrig arall yw a a'r gymhareb gyffredin yw r. Pedwerydd term y gyfres geometrig hon yw 8. Swm trydydd, pedwerydd a phumed term y gyfres yw 28.

(i) Dangoswch fod r yn bodloni'r hafaliad $2r^2 - 5r + 2 = 0$.

(ii) O wybod bod $|r| < 1$, darganfyddwch werth r a gwerth cyfatebol a.

(CBAC C2 Mai 2010 Cw6) [6]

Ateb

① (a) Mae termau cyfres geometrig fel hyn:

$$a + ar + ar^2 + ar^3 + \ldots + ar^{n-1}$$

Cymhareb gyffredin $r = \dfrac{\text{2il derm}}{\text{term 1af}}$

$$r = \frac{ar}{a} = -\frac{24}{40} = -\frac{3}{5}$$

$$S_\infty = \frac{a}{1-r}$$

$$= \frac{40}{1 - \left(-\dfrac{3}{5}\right)}$$

$$= 25$$

(b) (i) 4ydd term $= ar^3$

Trwy hyn, $8 = ar^3$, felly $a = \dfrac{8}{r^3}$.

3ydd term $= ar^2$

5ed term $= ar^4$

Nawr $ar^2 + ar^3 + ar^4 = 28$.

Mae amnewid $a = \dfrac{8}{r^3}$ i mewn i'r hafaliad hwn yn rhoi'r canlynol:

$$\frac{8}{r^3}r^2 + \frac{8}{r^3}r^3 + \frac{8}{r^3}r^4 = 28$$

$$\frac{8}{r} + 8 + 8r = 28$$

| nfed term cyfres geometrig $= ar^{n-1}$. |

Mae lluosi'r ddwy ochr â r yn rhoi:

$8 + 8r + 8r^2 = 28r$

$8r^2 - 20r + 8 = 0$

Mae rhannu trwodd â 4 yn rhoi:

$2r^2 - 5r + 2 = 0$

(ii) Rydym ni'n ffactorio $2r^2 - 5r + 2 = 0$

$(2r - 1)(r - 2) = 0$

Mae datrys yn rhoi $r = \dfrac{1}{2}$ neu $r = 2$.

Rydym ni'n gwybod bod $|r| < 1$

Felly $r = \dfrac{1}{2}$

$$a = \frac{8}{r^3} = \frac{8}{\left(\dfrac{1}{2}\right)^3} = \frac{8}{\dfrac{1}{8}} = 64$$

Enghraifft

② Term cyntaf cyfres geometrig yw a a'r gymhareb gyffredin yw r. Swm dau derm cyntaf y gyfres geometrig yw 7.2. Swm i anfeidredd y gyfres yw 20. O wybod bod r yn bositif, darganfyddwch werthoedd r ac a. [6]

(CBAC C2 Mai 2008 Cw5)

Ateb

② Term 1af $= a$, 2il derm $= ar$,

Felly $a + ar = 7.2$

$$a(1 + r) = 7.2$$

$$S_\infty = \frac{a}{1-r}$$

$$20 = \frac{a}{1-r}$$

| Mae'r fformiwla hon ar gyfer y swm i anfeidredd yn y llyfryn fformiwlâu. |

$a = 20(1 - r)$

Rydym ni'n amnewid $a = 20(1 - r)$ i mewn i $a(1 + r) = 7.2$.

Mae hyn yn rhoi $20(1 - r)(1 + r) = 7.2$

$20(1 - r^2) = 7.2$

$r^2 = 0.64$

$r = \pm 0.8$ ond mae r yn bositif, felly $r = 0.8$.

Nawr $a(1 + r) = 7.2$

$a(1 + 0.8) = 7.2$

$a = 4$

Enghraifft

③ (a) Ail derm cyfres geometrig yw 6 a'r pumed term yw 384.

    (i) Darganfyddwch gymhareb gyffredin y gyfres.

    (ii) Darganfyddwch swm wyth term cyntaf y gyfres geometrig. [6]

(b) Term cyntaf cyfres geometrig arall yw 5 a'r gymhareb gyffredin yw 1.1.

    (i) $n$fed term y gyfres hon yw 170, yn gywir i'r cyfanrif agosaf. Darganfyddwch werth n.

    (ii) Mae Dafydd wedi bod yn defnyddio ei gyfrifiannell i ymchwilio i wahanol nodweddion y gyfres geometrig hon ac mae'n honni mai swm i anfeidredd y gyfres yw 940. Eglurwch pam nad yw'n bosibl bod y canlyniad hwn yn gywir. [5]

(CBAC C2 Ionawr 2011 Cw5)

Ateb

③ (a) (i) $t_2 = ar$

      Felly, $6 = ar$ (1)

      $t_5 = ar^4$

      Felly, $384 = ar^4$ (2)

Mae rhannu hafaliad (2) â hafaliad (1) yn rhoi:

$$\frac{384}{6} = \frac{ar^4}{ar}$$

$$64 = r^3$$

Mae hyn yn rhoi $r = 4$

(ii) Rydym ni'n amnewid $r = 4$ i mewn i hafaliad (1)

$$6 = 4a$$

Felly $a = \dfrac{3}{2}$

$$S_n = \frac{a(1-r^n)}{1-r}$$

$$S_8 = \frac{\frac{3}{2}(1-4^8)}{1-4}$$

$$= 32\,767.5$$

> Yn aml mae'n haws ysgrifennu'r fformiwla yn y ffurf $S_n = \dfrac{a(r^n-1)}{r-1}$ pan fo $r > 1$. Mae hyn yn osgoi rhifiadur ac enwadur negatif.

> Mae'r fformiwla hon yn y llyfryn fformiwlâu.

> Cofiwch fod modd i chi ddefnyddio cyfrifiannell yn arholiad C2.

(b) (i) $t_n = ar^{n-1}$

Trwy hyn, $170 = 5\,(1.1)^{n-1}$

$$34 = (1.1)^{n-1}$$

Rydym ni'n cymryd $\log_{10}$ y ddwy ochr: $\log_{10}34 = \log_{10}(1.1)^{n-1}$

$$\log_{10}34 = (n-1)\log_{10}1.1$$

$$\frac{\log_{10}34}{\log_{10}1.1} = n-1$$

$$36.9988 = n-1$$

$$n = 37.9988$$

Rhaid i n fod yn gyfanrif, felly $n = 38$.

(ii) Y gymhareb gyffredin yw 1.1

Er mwyn i swm i anfeidredd fodoli mae $|r| < 1$, felly yn yr achos hwn nid yw'r swm i anfeidredd yn bodoli.

> Rydym ni'n datrys hafaliadau sy'n cynnwys pwerau fel hyn trwy gymryd logiau'r ddwy ochr.

> Edrychwch ar y testun nesaf os ydych chi'n ansicr ynghylch cymryd logiau'r ddwy ochr.

Gwella gradd

Dylech chi edrych eto ar y cwestiwn i weld a oes unrhyw amodau wedi'u gosod ar y gwerth rydych chi wedi ei ddarganfod. Yma rhaid iddo fod yn gyfanrif.

Cwestiynau tebyg i rai arholiad

① Mewn cyfres rifyddol mae'r nawfed term yn ddwbl y pedwerydd term. Os 68 yw'r unfed term ar bymtheg, darganfyddwch y term cyntaf a gwahaniaeth cyffredin y gyfres rifyddol hon. [5]

Ateb

① $t_n = a + (n-1)d$

$t_{16} = a + 15d = 68$ (1)

$t_9 = a + 8d$

$t_4 = a + 3d$

> Mae'n well rhoi rhifau i hafaliadau cydamserol fel y gallwch chi ddefnyddio'u rhifau i gyfeirio atyn nhw.

Mae'r nawfed term yn ddwbl y pedwerydd term, felly

$a + 8d = 2(a + 3d)$

$a = 2d$

Mae amnewid $a = 2d$ i mewn i hafaliad (1) yn rhoi:

$2d + 15d = 68$

$17d = 68$

$d = 4$

$a = 2d = 8$

Trwy hyn, y term cyntaf $a = 8$ a'r gwahaniaeth cyffredin $d = 4$.

> Gallwch chi ysgrifennu hyn fel $t_9 = 2t_4$.

> Mae'n hawdd gwneud camgymeriad wrth ddatrys hafaliadau cydamserol. Felly cofiwch eu gwirio trwy amnewid y ddau werth i mewn i'r hafaliad sydd heb ei ddefnyddio ar gyfer yr amnewid. Os bydd yr ochr dde yn hafal i'r ochr chwith, mae'n debygol bod eich gwerthoedd yn gywir.

② Chweched term cyfres geometrig yw 2187 a'r pedwerydd term yw 243.

Os yw'r gymhareb gyffredin yn bositif, darganfyddwch y gymhareb gyffredin a'r term cyntaf.

Ateb

② $t_6 = ar^5 = 2187$

$t_4 = ar^3 = 243$

$\dfrac{t_6}{t_4} = \dfrac{ar^5}{ar^3} = r^2 = \dfrac{2187}{243} = 9$

$r = \pm 3$, ond mae r yn bositif.

Trwy hyn, $r = 3$

$ar^3 = 243$

$a \times 27 = 243$

$a = 9$

Trwy hyn, y term cyntaf $a = 9$ a'r gymhareb gyffredin $r = 3$.

> Edrychwch ar y cwestiwn yn ofalus i weld a yw'n bosibl cael y ddau werth.

Profi eich hun

Atebwch y cwestiynau canlynol a gwiriwch eich atebion cyn symud ymlaen i'r testun nesaf.

① Darganfyddwch fynegiad, yn nhermau n, ar gyfer swm n term cyntaf y gyfres rifyddol:

4 + 10 + 16 + 22 + ...

Symleiddiwch eich ateb.

② Swm saith term cyntaf cyfres rifyddol yw 182. Swm pumed a seithfed term y gyfres yw 80. Darganfyddwch derm cyntaf a gwahaniaeth cyffredin y gyfres.

③ Term cyntaf cyfres geometrig yw a a'r gymhareb gyffredin yw r. Swm dau derm cyntaf y gyfres geometrig yw 2.7. Swm i anfeidredd y gyfres yw 3.6. O wybod bod r yn bositif, darganfyddwch werthoedd r ac a.

(Sylwch: mae'r atebion i'r cwestiynau 'Profi eich hun' yng nghefn y llyfr.)

1   (a) Term cyntaf cyfres rifyddol yw a a'r gwahaniaeth cyffredin yw d.

Profwch y caiff swm n term cyntaf y gyfres ei roi gan $S_n = \dfrac{n}{2}[2a + (n-1)d]$.   [3]

  (b) Term cyntaf cyfres rifyddol yw 4 a'r gwahaniaeth cyffredin yw 2.

Swm n term cyntaf y gyfres rifyddol yw 460.

Ysgrifennwch hafaliad y mae n yn ei fodloni. Trwy hyn, darganfyddwch werth n.   [3]

  (c) Pumed term cyfres rifyddol arall yw 9. Swm chweched term a degfed term y gyfres hon yw 42.
Darganfyddwch derm cyntaf a gwahaniaeth cyffredin y gyfres rifyddol.   [5]

(CBAC C2 Mai 2010 Cw5)

Ateb

1   (a) Edrychwch ar yr adran 'Profi'r fformiwla ar gyfer swm cyfres rifyddol' ar dudalen 89.

  (b) $a = 4$ a $d = 2$.

$S_n = 460$

$S_n = \dfrac{n}{2}[2a + (n-1)d]$

$460 = \dfrac{n}{2}[8 + (n-1)2]$

$920 = n(2n + 6)$

$920 = 2n^2 + 6n$

$460 = n^2 + 3n$

$n^2 + 3n - 460 = 0$

$(n + 23)(n - 20) = 0$

$n = 20$ gan y byddai'r gwerth arall yn golygu nifer negatif o dermau.

> Rydym ni'n amnewid $a = 4$, $d = 2$ ac $S_n = 460$ i mewn i'r fformiwla ar gyfer S_n.

> Rydym ni'n rhannu'r ddwy ochr â 2.

> Mae hwn yn gwadratig eithaf anodd ei ffactorio. Mae angen i'r ddau ffactor fod yn agos at ei gilydd i roi $+3n$ yn y canol.

  (c) $t_5 = a + 4d$

$9 = a + 4d$ (1)

$t_6 = a + 5d$

$t_{10} = a + 9d$

$t_6 + t_{10} = a + 5d + a + 9d = 2a + 14d$

$2a + 14d = 42$

$21 = a + 7d$ (2)

Rydym ni'n datrys hafaliadau (1) a (2) yn gydamserol.

Mae hafaliad (2) − hafaliad (1) yn rhoi:

$3d = 12$

$d = 4$

Rydym ni'n amnewid y gwerth hwn o d i mewn i hafaliad (1).

$9 = a + 4 \times 4$

$9 = a + 16$

$a = -7$

Trwy hyn, y term cyntaf $a = -7$ a'r gwahaniaeth cyffredin $d = 4$.

2   Mae $n$fed term dilyniant rhif (*number sequence*) wedi'i ddynodi gan t_n. Mae $(n + 1)$fed term y dilyniant yn bodloni $t_{n+1} = 2t_n + 1$, ar gyfer pob cyfanrif positif n.

O wybod bod $t_4 = 63$,

(a) enrhifwch t_1,   [2]

(b) heb wneud unrhyw gyfrifo pellach, eglurwch pam na all 6 043 582 fod yn un o dermau'r dilyniant rhif hwn.   [1]

(CBAC C2 Ionawr 2010 Cw10)

Ateb

2   (a) $t_{n+1} = 2t_n + 1$

$t_4 = 2t_3 + 1$

$63 = 2t_3 + 1$

$t_3 = 31$

$t_3 = 2t_2 + 1$

$31 = 2t_2 + 1$

$t_2 = 15$

$t_2 = 2t_1 + 1$

$15 = 2t_1 + 1$

$t_1 = 7$

(b) Mae 6 043 582 yn eilrif ond mae holl dermau'r dilyniant yn odrifau.

Mae 2 × (eilrif neu odrif) bob amser yn rhoi canlyniad sy'n eilrif a bydd adio 1 at eilrif yn gwneud odrif.

| Testun 2 | Logarithmau a'u defnyddio |

Mae'r testun hwn yn ymdrin â'r canlynol:

- $y = a^x$ a'i graff
- Deddfau logarithmau
- Datrys hafaliadau sydd yn y ffurf $a^x = b$

$y = a^x$ a'i graff

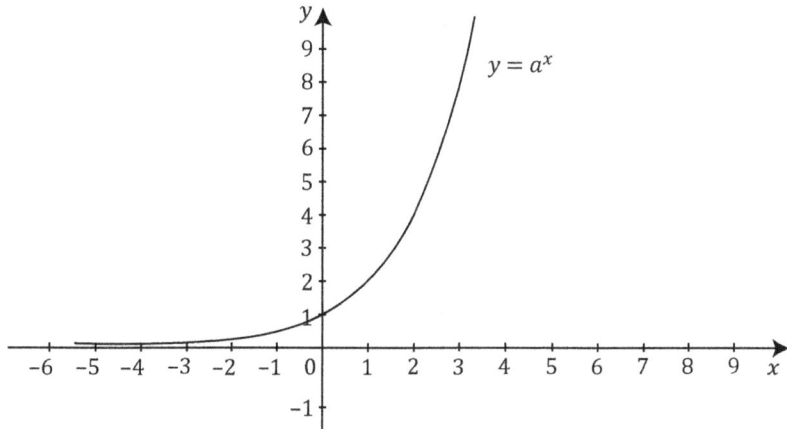

Mae'r uchod yn dangos graff $y = a^x$ lle mae a yn gysonyn positif sy'n fwy nag 1. Sylwch fod y graff yn croestorri'r echelin-y yn 1. Beth bynnag yw gwerth positif a, mae'r rhyngdoriad ar yr echelin-y yn 1 bob tro. Y rheswm dros hyn yw bod $x = 0$ ar yr echelin-y ac felly $y = a^0 = 1$.

Os yw gwerth y cysonyn positif a yn llai nag 1, yna mae graff $y = a^x$ yn edrych fel hyn:

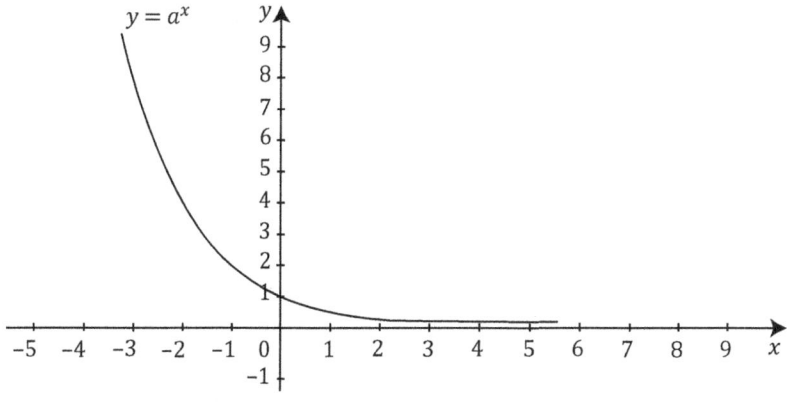

Logarithmau a'u profi

Beth yw logarithm?

Logarithm rhif positif i fôn a yw'r pŵer mae'n rhaid i'r bôn gael ei godi iddo er mwyn rhoi'r rhif positif. Gallwn ni ysgrifennu dau hafaliad pwysig gan ddefnyddio'r diffiniad hwn. Yn yr hafaliadau hyn, y yw'r rhif positif, a yw'r bôn ac x yw log y rhif:

$$y = a^x$$
$$\log_a y = x$$

> Mae gan y ddau hafaliad hyn yr un ystyr a rhaid i chi allu trawsnewid rhyngddynt.

Bydd yr enghraifft ganlynol yn helpu i egluro hyn:

Os yw $y = 10^3$, yna o'r ail hafaliad mae gennym ni $\log_{10} y = 3$.

> Rhaid i chi gofio'r ddau hafaliad hyn a gallu eu defnyddio.

Ar gyfer bôn positif a, mae'r canlynol yn wir:

$\log_a a = 1$, gan fod $a^1 = a$

$\log_a 1 = 0$, gan fod $a^0 = 1$

Profi deddfau logarithmau

Mae angen cofio'r ffyrdd canlynol o brofi deddfau logarithmau ar gyfer yr arholiad. Hefyd bydd gofyn i chi ddefnyddio'r deddfau hyn.

Profi $\log_a x + \log_a y = \log_a (xy)$

Tybiwch fod $x = a^n$ ac $y = a^m$.

Gallwn ni ailysgrifennu'r rhain fel:

$\log_a x = n$ a $\log_a y = m$

$xy = a^n \times a^m$

$xy = a^{n+m}$

> Cofiwch: yn ôl rheolau indecsau rydym ni'n adio'r pwerau yma.

Gallwn ni ailysgrifennu hyn fel:

$\log_a (xy) = n + m$

Ond $n = \log_a x$ ac $m = \log_a y$

$\log_a x + \log_a y = \log_a (xy)$

Profi $\log_a x - \log_a y = \log_a (x/y)$

Tybiwch fod $x = a^n$ ac $y = a^m$.

Gallwn ni ailysgrifennu'r rhain fel:

$\log_a x = n$ a $\log_a y = m$

Nawr $\dfrac{x}{y} = \dfrac{a^n}{a^m}$.

$$\frac{x}{y} = a^{n-m}$$

> Cofiwch: yn ôl rheolau indecsau rydym ni'n tynnu'r pwerau yma.

Gallwn ni ailysgrifennu hyn fel:

$$\log_a \frac{x}{y} = n - m$$

Ond $n = \log_a x$ ac $m = \log_a y$

$$\log_a \frac{x}{y} = \log_a x - \log_a y$$

Trwy hyn,

$$\log_a x - \log_a y = \log_a \frac{x}{y}$$

Profi $k \log_a x = \log_a (x^k)$

Tybiwch fod $x = a^n$, yna $\log_a x = n$.

Mae codi dwy ochr yr hafaliad i'r pŵer k yn rhoi:

$$x^k = (a^n)^k$$

$$x^k = a^{nk}$$

> Yn ôl rheolau indecsau, rydym ni'n lluosi'r pwerau y tu mewn a'r tu allan i'r cromfachau.

Gallwn ni ailysgrifennu hyn fel:

$$\log_a x^k = nk$$

Gan fod $n = \log_a x$ gallwn ni amnewid hyn i mewn am n.

Trwy hyn,

$$\log_a x^k = k \log_a x$$

Gallwn ni ddefnyddio'r tair deddf pan fyddwn ni'n ymdrin â mynegiadau neu hafaliadau sy'n cynnwys logiau. Fe welwch isod enghreifftiau sy'n cynnwys symleiddio mynegiadau sy'n cynnwys logiau.

Enghraifft

① Mynegwch $\log_a 64 - 2 \log_a 4$ fel un logarithm yn y ffurf $\log_a b$, lle mae b yn gyfanrif.

Ateb

① $\log_a 64 - 2 \log_a 4$

$= \log_a 64 - \log_a 4^2$

$= \log_a 64 - \log_a 16$

$= \log_a \frac{64}{16}$

$= \log_a 4$

> Yma rydym ni'n defnyddio'r ddeddf logarithmau hon: $\log_a x^k = k \log_a x$

> Yma rydym ni'n defnyddio'r ddeddf logarithmau hon: $\log_a x - \log_a y = \log_a \frac{x}{y}$

Enghraifft

② Mynegwch $\frac{1}{2}\log_a 9 + \log_a 3 - 3\log_a 3$ fel un term.

Ateb

② $\frac{1}{2}\log_a 9 + \log_a 3 - 3\log_a 3$

$= \log_a 9^{\frac{1}{2}} + \log_a 3 - \log_a 3^3$

$= \log_a 3 + \log_a 3 - \log_a 27$

$= \log_a\left(\dfrac{3 \times 3}{27}\right)$

$= \log_a \dfrac{1}{3}$

$= \log_a 1 - \log_a 3$

$= -\log_a 3$

> Sylwch fod $9^{\frac{1}{2}} = \sqrt{9} = \pm 3$. Gan na allwch chi gael logarithm rhif negatif, dim ond y gwerth positif rydym ni'n ei ddefnyddio.

> Defnyddiwch $\log_a \dfrac{1}{x} = -\log_a x$.

Datrys hafaliadau sydd yn y ffurf $a^x = b$

Gallwn ni ddatrys hafaliadau sydd yn y ffurf $a^x = b$ trwy yn gyntaf gymryd logiau'r ddwy ochr i'r bôn a fel hyn:

$a^x = b$

$x = \log_a b$

> $\log_a a^x = x \log_a a = x$ gan fod $\log_a a = 1$

Dylech chi adnabod y ddau hafaliad hyn fel rhai sydd â'r un ystyr.

Enghraifft

① Datryswch yr hafaliad $\log_4 x = -\dfrac{1}{2}$.

Ateb

① $\log_4 x = -\dfrac{1}{2}$

$x = 4^{-\frac{1}{2}}$

$x = \dfrac{1}{4^{\frac{1}{2}}}$

$x = \dfrac{1}{\sqrt{4}}$

$x = \pm\dfrac{1}{2}$

Ni all x fod yn negatif, felly $x = \dfrac{1}{2}$.

 Gwella gradd

Gwnewch yn siŵr eich bod yn gwbl hyderus yn trawsnewid o'r ffurf log i'r ffurf esbonyddol ac i'r gwrthwyneb.

> Wrth gymryd ail isradd, rhaid cofio cynnwys y $\pm$; fodd bynnag, ni allwn ddarganfod logarithm rhif negatif ac felly rydym ni'n anwybyddu'r datrysiad negatif yma.

Enghraifft

② Datryswch yr hafaliad $2^{2x-1} = 9$

gan roi eich ateb yn gywir i 3 lle degol.

Ateb

② $2^{2x-1} = 9$

$\log 2^{2x-1} = \log 9$

$(2x - 1) \log 2 = \log 9$

$2x - 1 = \dfrac{\log 9}{\log 2}$

$2x - 1 = 3.1699$

$2x = 4.1699$

$x = 2.085$ (3 lle degol)

> Rydym ni'n datrys cwestiynau fel hyn trwy gymryd logarithmau'r ddwy ochr. Y bôn rydym ni'n ei ddefnyddio yma yw'r bôn 10. Os na chaiff y bôn ei ddangos, rydym ni'n tybio mai'r bôn 10 yw ef.

> Defnyddiwch y botwm log ar eich cyfrifiannell i gyfrifo logiau rhifau. Sylwch: yma, **nid** yw $\dfrac{\log 9}{\log 2}$ yn hafal i $\log \dfrac{9}{2}$.

> Pan fyddwch chi'n rhoi ateb rhifiadol dylech chi wirio bob tro a oes angen rhoi'r ateb i nifer penodol o ffigurau ystyrlon neu leoedd degol.

Enghraifft

③ Datryswch yr hafaliad $\log_a (3x + 4) = \log_a 5 + \log_a x$.

Ateb

③ $\log_a (3x + 4) = \log_a 5 + \log_a x$

$\log_a (3x + 4) - \log_a x = \log_a 5$

$\log_a \left(\dfrac{3x + 4}{x} \right) = \log_a 5$

$\dfrac{3x + 4}{x} = 5$

$3x + 4 = 5x$

$4 = 2x$

$x = 2$

Enghraifft

④ Datryswch yr hafaliad $25^x - 4 \times 5^x + 3 = 0$, lle mae $x > 0$.

Ateb

④ $25^x - 4 \times 5^x + 3 = 0$

Nawr $25^x = (5^2)^x = 5^{2x} = (5^x)^2$

Trwy hyn, $5^{2x} - 4 \times 5^x + 3 = 0$

Felly $(5^x)^2 - 4 \times 5^x + 3 = 0$

Gadewch i $y = 5^x$

$y^2 - 4y + 3 = 0$

$(y - 1)(y - 3) = 0$

> Mae angen i chi sylweddoli bod yr hafaliad hwn yn debyg i hafaliad cwadratig o ran fformat.

> Sylwch fod $25^x = (5^2)^x = 5^{2x} = (5^x)^2$.

> Sylwch fod $25^x = 5^{2x}$. Rydym ni'n amnewid $y = 5^x$ i gael hafaliad cwadratig mewn y. Yna gallwn ni ei ffactorio a'i ddatrys.

$y = 1$ neu $y = 3$

Pan fo $y = 1$, $1 = 5^x$

$5^0 = 1$, felly $x = 0$

Ni allwn gael y gwerth hwn gan fod yn rhaid i x fod yn fwy na 0.

Pan fo $y = 3$

$5^x = 3$

Rydym ni'n cymryd logiau'r ddwy ochr i'r bôn 10.

$\log 5^x = \log 3$

$x \log 5 = \log 3$

$x = \dfrac{\log 3}{\log 5}$

$x = 0.68$ (2 le degol)

> Pan fydd mwy nag un gwerth ar gyfer x, dylech chi wirio bob tro a yw pob gwerth yn bosibl. Edrychwch ar y cwestiwn eto i weld a oes cyfyngiad ar x. Yma y cyfyngiad yw $x > 0$.

Enghraifft

⑤ (a) O wybod bod $x > 0$, dangoswch fod $\log_a x^n = n \log_a x$. [3]

(b) Mynegwch $\dfrac{1}{2}\log_a 324 + \log_a 56 - 2\log_a 12$ yn y ffurf $\log_a b$, lle mae b yn gysonyn y mae'n rhaid darganfod ei werth. [4]

(c) (i) Ailysgrifennwch yr hafaliad $3^x = 2^{x+1}$

yn y ffurf $\qquad c^x = d$

lle mae gwerthoedd y cysonion c a d i'w darganfod.

(ii) Trwy hyn, neu fel arall, datryswch yr hafaliad $3^x = 2^{x+1}$

gan roi eich ateb yn gywir i ddau le degol. [4]

(CBAC C2 Ionawr 2010 Cw7)

Ateb

⑤ (a) Mae'r dull profi i'w weld ar dudalen 103.

(b) $\dfrac{1}{2}\log_a 324 + \log_a 56 - 2\log_a 12$

$= \log_a 324^{\frac{1}{2}} + \log_a 56 - \log_a 12^2$

$= \log_a 18 + \log_a 56 - \log_a 144$

$= \log_a \left(\dfrac{18 \times 56}{144}\right)$

$= \log_a 7$

> $324^{\frac{1}{2}} = \sqrt{324} = 18$

(c) (i) $3^x = 2^{x+1}$

$3^x = 2^x \times 2^1$

> Sylwch ar y ffordd mae'r indecsau yn cael eu gwahanu yma. Rydym ni'n defnyddio rheolau indecsau yma i wahanu 2^{x+1} yn $2^x \times 2^1$.

$$\frac{3^x}{2^x} = 2$$

$$\left(\frac{3}{2}\right)^x = 2$$

Trwy hyn, $c = \frac{3}{2}$ a $d = 2$.

(ii) $\left(\frac{3}{2}\right)^x = 2$

Rydym ni'n cymryd logiau'r ddwy ochr:

$$\log\left(\frac{3}{2}\right)^x = \log 2$$

$$x = \frac{\log 2}{\log\left(\frac{3}{2}\right)} = \frac{0.3010}{0.1761} = 1.71 \text{ (2 le degol)}$$

> Edrychwch ar y cwestiwn eto i wirio a yw eich ateb yn y fformat cywir. Yma mae angen ateb yn y ffurf $c^x = d$. Mae gofyn rhoi'r ateb yn y fformat hwn gyda $c = \frac{3}{2}$ a $d = 2$.

> Pan fydd gennych chi ateb, dylech chi wirio bob tro a oes angen ei roi i nifer penodol o leoedd degol neu ffigurau ystyrlon.

Cwestiynau tebyg i rai arholiad

① Datryswch $6^x = 12$, gan roi eich ateb yn gywir i 3 lle degol. [3]

Ateb

① $6^x = 12$

Rydym ni'n cymryd logiau'r ddwy ochr:

$\log 6^x = \log 12$

$x \log 6 = \log 12$

$x = \dfrac{\log 12}{\log 6}$

$x = 1.387$ (3 lle degol)

> Yma rydym ni'n defnyddio'r rheol
> $\log_a x^k = k \log_a x$.

② Datryswch yr hafaliad $9^x - 6 \times 3^x + 8 = 0$ lle mae $x > 0$

gan roi x yn gywir i 2 le degol. [5]

Ateb

② $9^x - 6 \times 3^x + 8 = 0$

Nawr $9^x = (3^2)^x = 3^{2x} = (3^x)^2$

$(3^x)^2 - 6 \times 3^x + 8 = 0$

Gadewch i $y = 3^x$

$y^2 - 6y + 8 = 0$

$(y - 4)(y - 2) = 0$

Trwy hyn, $y = 4$ neu $y = 2$

Pan fo $y = 4$, $4 = 3^x$

Rydym ni'n cymryd logiau'r ddwy ochr:

$\log 4 = \log 3^x$

$\log 4 = x \log 3$

$x = \dfrac{\log 4}{\log 3}$

$x = 1.26$ (2 le degol)

Pan fo $y = 2$, $2 = 3^x$

Rydym ni'n cymryd logiau'r ddwy ochr:

$\log 2 = \log 3^x$

$\log 2 = x \log 3$

$x = \dfrac{\log 2}{\log 3}$

$x = 0.63$ (2 le degol)

$x = 1.26$ neu 0.63 i 2 le degol

> Mae angen i chi sylweddoli bod gan yr hafaliad hwn fformat hafaliad cwadratig. Sylwch ein bod yn gallu ysgrifennu 9^x fel $(3^2)^x$ a gallwn ni ysgrifennu hyn wedyn fel 3^{2x} a $(3^x)^2$.

> Rydym ni'n amnewid $y = 3^x$ yma i gael hafaliad cwadratig mewn y. Bydd hyn yn gwneud y ffactorio yn haws.

Profi eich hun

Atebwch y cwestiynau canlynol a gwiriwch eich atebion cyn symud ymlaen i'r testun nesaf.

①   Symleiddiwch $\log_2 36 - 2\log_2 15 + \log_2 100$

gan fynegi eich ateb yn y ffurf $\log_2 a$, lle mae a yn gyfanrif.

②   Datryswch yr hafaliad $\log_{27} x = \dfrac{2}{3}$.

③   Datryswch yr hafaliad $3^x = 2$

gan roi eich ateb yn gywir i 2 le degol.

④   Mynegwch $\dfrac{1}{2}\log_a 36 - 2\log_a 6 + \log_a 4$ fel un logarithm.

⑤   Datryswch yr hafaliad $\log_a(6x^2 + 5) - \log_a x = \log_a 17$.

(Sylwch: mae'r atebion i'r cwestiynau 'Profi eich hun' yng nghefn y llyfr.)

1   Darganfyddwch holl werthoedd x sy'n bodloni'r hafaliad $\log_a (6x^2 + 11) - \log_a x = 2 \log_a 5$.   [5]

(CBAC C2 Ionawr 2011 Cw7)

Ateb

1   $\log_a (6x^2 + 11) - \log_a x = 2 \log_a 5$

$\log_a \left(\dfrac{6x^2 + 11}{x} \right) = \log_a 5^2$

$\dfrac{6x^2 + 11}{x} = 25$

$6x^2 + 11 = 25x$

$6x^2 - 25x + 11 = 0$

$(3x - 11)(2x - 1) = 0$

Trwy hyn, $x = \dfrac{11}{3}$ neu $x = \dfrac{1}{2}$.

Rydym ni'n ffurfio hafaliad cwadratig trwy gael yr holl dermau ar yr un ochr fel y byddan nhw'n hafal i sero.

Gwella gradd

Os byddwch chi'n rhoi atebion yn unig heb ddim gwaith cyfrifo ni chewch unrhyw farciau.

2   (a)   O wybod bod $x > 0$, dangoswch fod $\log_a x^n = n \log_a x$.   [3]

(b)   Datryswch yr hafaliad $6^{2y-1} = 4$.

Dangoswch eich gwaith cyfrifo a rhowch eich ateb yn gywir i dri lle degol.   [3]

(c)   O wybod bod $\log_a 4 = \dfrac{1}{2}$, darganfyddwch werth a.   [2]

(CBAC C2 Mai 2010 Cw8)

Ateb

2   (a)   Mae'r dull profi i'w weld ar dudalen 103.

(b) $6^{2y-1} = 4$

$\log 6^{2y-1} = \log 4$

$(2y - 1) \log 6 = \log 4$

$2y - 1 = \dfrac{\log 4}{\log 6}$

$2y - 1 = 0.7737$

$2y = 1.7737$

Mae datrys yn rhoi $y = 0.887$ i 3 lle degol.

(c) $\log_a 4 = \dfrac{1}{2}$

$a^{\frac{1}{2}} = 4$

$a = 16$

Dylech chi bob amser gyfrifo i o leiaf un lle yn fwy na'r manwl gywirdeb sy'n ofynnol; e.e. os yw'r cwestiwn yn gofyn am ateb sy'n gywir i 3 lle degol (fel yma), dylech chi ddangos gwaith cyfrifo i o leiaf 4 lle degol cyn talgrynnu i 3 lle degol ar y diwedd.

Yma rydym ni'n defnyddio'r ffaith bod $\log_a x^k = k \log_a x$

Mae gan y ddau hafaliad $x = a^n$ a $\log_a x = n$, sydd yn y llyfryn fformiwlâu, yr un ystyr ac mae angen i chi allu trawsnewid rhwng y cynrychioliad logarithm a'r cynrychioliad pŵer yn hawdd.

Rydym ni'n sgwario'r ddwy ochr i ddarganfod a.

Testun 3 — Geometreg gyfesurynnol y cylch

Mae'r testun hwn yn ymdrin â'r canlynol:

- Hafaliad cylch
- Nodweddion cylch
- Darganfod hafaliad tangiad i gylch
- Darganfod lle mae mae cylch a llinell syth yn croestorri neu'n cyffwrdd
- Yr achos lle nad yw cylch a llinell yn cyffwrdd nac yn croestorri

Hafaliad cylch

Gallwn ni ysgrifennu hafaliad cylch yn y ffurf:

$$(x - a)^2 + (y - b)^2 = r^2$$

Os yw cylch â'r hafaliad uchod, y canol yw (a, b) a'r radiws yw r.

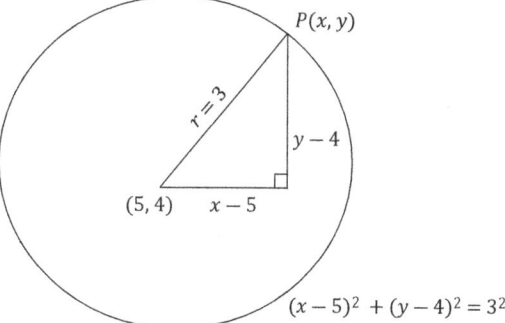

Mae'r canlynol yn ffurf arall ar hafaliad cylch:

$$x^2 + y^2 + 2gx + 2fy + c = 0$$

Os yw cylch â'r hafaliad uchod, y canol yw $(-g, -f)$ ac mae'r radiws yn cael ei roi gan $r = \sqrt{g^2 + f^2 - c}$.

Sylwch: Rhaid i chi gofio'r ffurf arall hon ar yr hafaliad yn ogystal â gallu cyfrifo'r canol a'r radiws. Mae cofio hyn yn anodd, ac felly mae dull arall sy'n cynnwys cwblhau'r sgwâr. Mae'r dull hwn i'w weld yn Enghraifft 3.

Enghraifft

① Darganfyddwch gyfesurynnau canol a radiws y cylch sydd â'r hafaliad:

$$(x - 7)^2 + (x + 3)^2 = 36$$

Ateb

① Rydym ni'n cymharu'r hafaliad $(x - 7)^2 + (x + 3)^2 = 36$ â'r hafaliad ar gyfer y cylch

$$(x - a)^2 + (y - b)^2 = r^2$$

Mae hyn yn rhoi $a = 7$ a $b = -3$, felly cyfesurynnau'r canol yw $(7, -3)$.

Mae $r^2 = 36$, sy'n rhoi'r radiws $r = \sqrt{36} = 6$.

Enghraifft

② Mae gan y cylch C ganol A a'i hafaliad yw $x^2 + y^2 - 2x + 6y - 6 = 0$.

Ysgrifennwch gyfesurynnau A a darganfyddwch radiws C.

Ateb

② O gymharu'r hafaliad $x^2 + y^2 - 2x + 6y - 6 = 0$ â'r hafaliad

$x^2 + y^2 + 2gx + 2fy + c = 0$, gallwn ni weld bod $g = -1$, $f = 3$ ac $c = -6$.

Cyfesurynnau'r canol A yw $(-g, -f) = (1, -3)$.

Radiws $= \sqrt{g^2 + f^2 - c} = \sqrt{(-1)^2 + (3)^2 + 6} = \sqrt{16} = 4$

Enghraifft

③ Mae gan y cylch C ganol A a'i hafaliad yw $x^2 + y^2 - 4x + 2y - 11 = 0$.

Darganfyddwch gyfesurynnau A a radiws C.

Ateb

③ Gallwn ni ysgrifennu'r hafaliad ar gyfer C fel

$x^2 - 4x + y^2 + 2y - 11 = 0$

Mae cwblhau'r sgwâr yn golygu $x^2 - 4x = (x - 2)^2 - 4$.

Yn yr un modd $y^2 + 2y = (y + 1)^2 - 1$.

Trwy hyn, gallwn ni ysgrifennu hafaliad C fel

$(x - 2)^2 - 4 + (y + 1)^2 - 1 - 11 = 0$

$(x - 2)^2 + (y + 1)^2 - 4 - 1 - 11 = 0$

$(x - 2)^2 + (y + 1)^2 = 16$

Mae cymharu hyn â hafaliad y cylch $(x - a)^2 + (y - b)^2 = r^2$

yn rhoi cyfesurynnau'r canol A fel $(2, -1)$ a'r radiws $= 4$.

> Mae cwblhau'r sgwâr yn ffordd dda o ddarganfod y canol a'r radiws oherwydd nad oes angen cofio'r fformiwla sy'n cynnwys f a g.

Nodweddion cylch

Mae nifer o nodweddion cylch mae angen i chi wybod amdanynt.

① Mae'r ongl mewn hanner cylch yn ongl sgwâr bob amser.

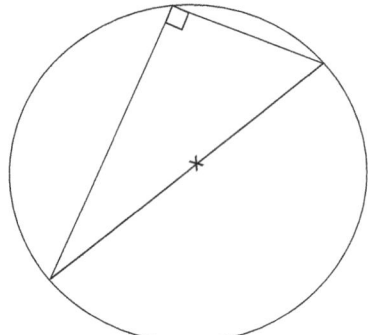

② Mae'r perpendicwlar o ganol cylch i gord yn haneru'r cord.

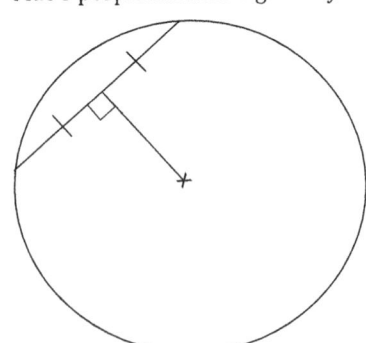

③ Mae'r tangiad i gylch mewn pwynt yn gwneud ongl sgwâr â radiws y cylch yn yr un pwynt.

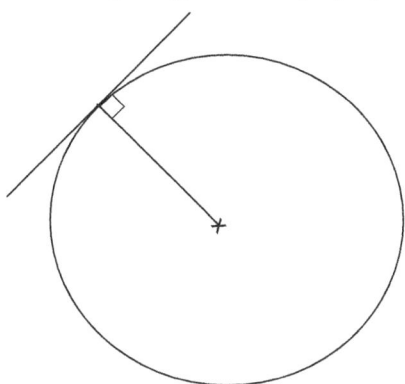

Darganfod hafaliad tangiad i gylch

Os ydych chi'n gwybod cyfesurynnau'r pwynt lle mae'r tangiad yn cyffwrdd â'r cylch a chyfesurynnau canol y cylch, yna gallwch chi ddarganfod graddiant y llinell sy'n cysylltu'r ddau bwynt hyn gan ddefnyddio'r fformiwla:

$$\text{Graddiant} = \frac{y_2 - y_1}{x_2 - x_1}$$

⟪ Gwella gradd

Mae nifer o fformiwlâu sy'n dod o'r adran Craidd 1 y bydd angen i chi eu cofio a'u defnyddio. Mae'r fformiwlâu hyn wedi'u rhestru yn y crynodeb.

Yna byddech chi'n defnyddio'r graddiant hwn i gyfrifo graddiant y tangiad gan fod y ddwy linell hon yn berpendicwlar i'w gilydd. Os yw graddiant un llinell yn m_1 a graddiant y llinell arall yn m_2, yna mae'r llinellau'n berpendicwlar $m_1 m_2 = -1$.

Yna byddech chi'n defnyddio cyfesurynnau'r pwynt lle mae'r tangiad yn cyffwrdd â'r cylch a graddiant y tangiad ac yn eu hamnewid i mewn i'r fformiwla ganlynol i roi hafaliad y tangiad.

$$y - y_1 = m(x - x_1)$$

Bydd yr enghraifft ganlynol yn helpu i egluro'r dull.

Enghraifft

① Mae gan y cylch C ganol A a'i hafaliad yw $x^2 + y^2 - 4x + 2y - 20 = 0$.

  (a) Darganfyddwch gyfesurynnau'r canol A a radiws C. [3]

  (b) Cyfesurynnau'r pwynt P yw $(5, 3)$ ac mae ar gylch C. Darganfyddwch hafaliad y tangiad i C yn P. [4]

Ateb

① (a) Rydym ni'n defnyddio dull cwblhau'r sgwâr yma i gyfrifo cyfesurynnau'r canol A a radiws y cylch C.

  $x^2 + y^2 - 4x + 2y - 20 = 0$.

  $(x - 2)^2 + (y + 1)^2 - 4 - 1 - 20 = 0$

  $(x - 2)^2 + (y + 1)^2 = 25$

  $(x - 2)^2 + (y + 1)^2 = 5^2$

  Trwy hyn, cyfesurynnau'r canol A yw $(2, -1)$ a'r radiws yw 5.

> Rydym ni'n defnyddio cwblhau'r sgwâr yma, ond gallech chi wrth gwrs ddefnyddio'r dull arall sy'n cynnwys y fformiwla. Bydd angen i chi gofio'r fformiwla a sut i'w ddefnyddio oherwydd nid yw hon yn y llyfryn fformiwlâu. Edrychwch ar enghraifft 2 ar dudalen 111.

(b) Mae graddiant y llinell sy'n cysylltu canol y cylch $A(2, -1)$ â'r pwynt $P(5, 3)$ yn cael ei roi gan:

$$\text{Graddiant} = \frac{y_2 - y_1}{x_2 - x_1} = \frac{3 - (-1)}{5 - 2} = \frac{4}{3}$$

Mae'r llinell AP yn radiws y cylch. Bydd y tangiad yn y pwynt P yn berpendicwlar i'r radiws AP.

Ar gyfer llinellau perpendicwlar, mae lluoswm y graddiannau $= -1$

Trwy hyn, $m \times \left(\dfrac{4}{3}\right) = -1$

Graddiant y tangiad $m = -\dfrac{3}{4}$

Hafaliad y tangiad sydd â graddiant $m = -\dfrac{3}{4}$ ac sy'n mynd trwy'r pwynt $P(5, 3)$ yw

$$y - 3 = -\frac{3}{4}(x - 5)$$
$$4y - 12 = -3x + 15$$
$$3x + 4y - 27 = 0$$

> Rydym ni'n defnyddio'r fformiwla ar gyfer llinell syth yma. Y fformiwla ar gyfer hafaliad llinell syth sydd â graddiant m ac sy'n mynd trwy'r pwynt (x_1, y_1) yw $y - y_1 = m(x - x_1)$.

Darganfod lle mae cylch a llinell syth yn croestorri neu'n cyffwrdd

Mae dwy ffordd y gall llinell syth groestorri cylch neu gyffwrdd â chylch:

① Gall y llinell a'r cylch groestorri mewn dau le fel hyn:

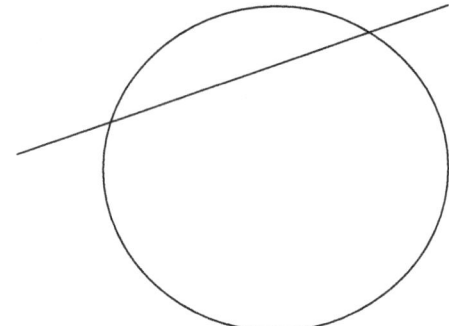

② Gall y llinell a'r cylch gyffwrdd mewn un lle. Mae hyn yn golygu bod y llinell syth yn dangiad i'r cylch a hefyd yn gwneud ongl sgwâr â'r radiws.

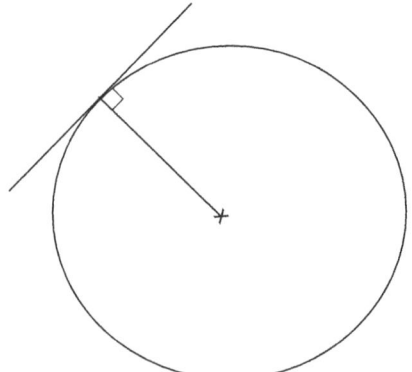

I ddarganfod cyfesurynnau croestorfan neu bwynt cyffwrdd

I ddarganfod y cyfesurynnau mae angen i chi wybod hafaliad y cylch a hafaliad y llinell syth. Yna gallwch chi ddatrys y rhain yn gydamserol. Gallwch chi ddefnyddio hafaliad y llinell syth i ddarganfod x yn nhermau y neu i ddarganfod y yn nhermau x. Yna rydych chi'n amnewid hyn i mewn i hafaliad y cylch ac yn datrys yr hafaliad sy'n ganlyniad i hyn. Weithiau bydd dau wreiddyn (h.y. datrysiad) gwahanol, sy'n golygu bod y cylch a'r llinell yn croestorri mewn dau le. Weithiau bydd dau wreiddyn hafal sy'n golygu bod y cylch a'r llinell yn cyffwrdd mewn un lle, h.y. mae'r llinell yn dangiad i'r cylch.

Os nad oes dim gwreiddiau real i'r hafaliad, mae'n golygu nad yw'r llinell a'r cylch yn croestorri.

Enghraifft

① Hafaliad cylch C yw $x^2 + y^2 + 2x - 12y + 12 = 0$.

Mae'r llinell sydd â'r hafaliad $x + y = 4$ yn croestorri'r cylch mewn dau bwynt, P a Q. Darganfyddwch gyfesurynnau P a Q.

Ateb

① I ddarganfod y croestorfannau rydym ni'n datrys y ddau hafaliad yn gydamserol.

$x + y = 4$

Felly $y = 4 - x$.

Mae amnewid $y = 4 - x$ i mewn i hafaliad y cylch yn rhoi:

$x^2 + (4 - x)^2 + 2x - 12(4 - x) + 12 = 0$

$x^2 + 16 - 8x + x^2 + 2x - 48 + 12x + 12 = 0$

$2x^2 + 6x - 20 = 0$

Mae rhannu â 2 yn rhoi $x^2 + 3x - 10 = 0$.

Mae ffactorio yn rhoi $(x + 5)(x - 2) = 0$.

Mae datrys yn rhoi $x = -5$ neu 2.

> Dylech chi edrych ar gwadratig bob tro i weld a allwch chi rannu'r termau i gyd â'r un rhif. Bydd hyn yn gwneud y ffactorio yn haws.

Rydym ni'n amnewid y ddau gyfesuryn-x hyn i mewn i hafaliad y llinell i ddarganfod y cyfesurynnau-y cyfatebol.

Pan fo $x = -5$, $y = 4 - (-5) = 9$.

Pan fo $x = 2$, $y = 4 - 2 = 2$.

Trwy hyn, cyfesurynnau'r croestorfannau P a Q yw $(-5, 9)$ a $(2, 2)$.

Defnyddio'r gwahanolyn i nodi neu ddangos a yw llinell a chylch yn croestorri ac, os felly, sawl gwaith

Os nad yw'r cylch a'r llinell yn cyffwrdd nac yn croestorri, yna pan fyddwn ni'n datrys y ddau hafaliad yn gydamserol, ni fydd gan yr hafaliad cwadratig sy'n ganlyniad i hyn ddim gwreiddiau real.

I brofi nad oes dim gwreiddiau real gan hafaliad cwadratig sydd yn y ffurf $ax^2 + bx + c = 0$ gallwn ni ddangos bod y gwahanolyn $b^2 - 4ac < 0$.

Sylwch hefyd:

Os yw $b^2 - 4ac > 0$ mae dau wreiddyn real a gwahanol, sy'n golygu bod y cylch a'r llinell yn croestorri mewn dau le.

Os yw $b^2 - 4ac = 0$ mae dau wreiddyn real a hafal (h.y. dim ond un datrysiad), sy'n golygu bod y cylch a'r llinell yn cyffwrdd mewn un lle. Felly mae'r llinell yn dangiad i'r cylch.

Yr amod fel bod dau gylch yn cyffwrdd yn fewnol neu'n allanol

Pan fydd dau gylch yn cyffwrdd yn allanol mae'n golygu bod un o'r cylchoedd y tu allan i'r llall a'u bod nhw'n cyffwrdd mewn un pwynt. Pan fydd cylchoedd yn cyffwrdd yn fewnol, mae un o'r cylchoedd y tu mewn i'r llall.

Cylchoedd yn cyffwrdd yn allanol mewn pwynt

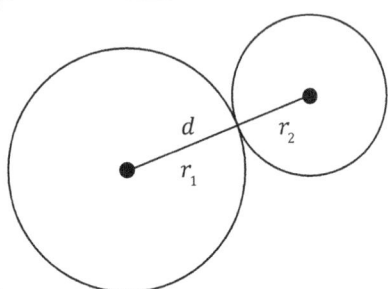

Pan fydd dau gylch yn cyffwrdd yn allanol mewn pwynt, mae'n rhaid bod y pellter rhwng canolau'r cylchoedd yn hafal i swm radiysau'r ddau gylch.

Os d yw'r pellter rhwng y canolau a r_1 a r_2 yw radiysau'r ddau gylch, yna os yw'r cylchoedd yn cyffwrdd yn allanol mewn pwynt:

$$d = r_1 + r_2$$

Enghraifft

Mae gan y cylch C_1 ganol $A(-2, 1)$ a'r radiws 5. Mae gan y cylch C_2 ganol $B(10, 6)$ a radiws r. Os yw'r cylchoedd C_1 ac C_2 yn cyffwrdd yn allanol, darganfyddwch werth r.

Os d yw'r pellter rhwng y canolau A a B, yna

$d = \sqrt{(x_2 - x_1)^2 + (y_2 - y_1)^2}$

$d = \sqrt{(10 - (-2))^2 + (6 - 1)^2}$

$d = \sqrt{144 + 25}$

$d = \sqrt{169}$

$d = 13$

Gan fod y cylchoedd yn cyffwrdd yn allanol, rhaid i swm y radiysau fod yn hafal i'r pellter rhwng y canolau.

Felly, $13 = r + 5$, sy'n rhoi $r = 8$.

Cylchoedd yn cyffwrdd yn fewnol mewn pwynt

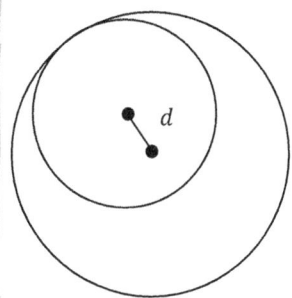

Pan fydd dau gylch yn cyffwrdd yn fewnol mewn pwynt, mae'r pellter rhwng canolau'r cylchoedd yn hafal i'r gwahaniaeth rhwng radiysau'r ddau gylch.

Os d yw'r pellter rhwng y canolau a r_1 a r_2 yw radiysau'r ddau gylch, yna os yw'r cylchoedd yn cyffwrdd yn fewnol mewn pwynt:

$$d = r_1 - r_2$$

Enghraifft

① Mae dau gylch C_1 ac C_2 yn cyffwrdd yn fewnol mewn pwynt. Mae gan gylch C_1 yr hafaliad canlynol:

$x^2 + y^2 - 4x - 4y - 1 = 0$

Os oes gan gylch C_2 ganol $(2, 1)$ darganfyddwch radiws y cylch hwn.

Ateb

① $x^2 + y^2 - 4x - 4y - 1 = 0$

$(x - 2)^2 + (y - 2)^2 - 4 - 4 - 1 = 0$

$(x - 2)^2 + (y - 2)^2 = 9$

> Rydym ni'n cwblhau'r sgwâr ac yn ad-drefnu i ddarganfod canol a radiws y cylch hwn. Mae'r hafaliad hwn nawr yn y ffurf:
>
> $$(x - a)^2 + (y - b)^2 = r^2$$
>
> Bydd gan gylch sydd â'r hafaliad uchod ganol (a, b) a radiws r.
>
> Dewis arall fyddai defnyddio hafaliad y cylch yn y ffurf:
>
> $$x^2 + y^2 + 2gx + 2fy + c = 0$$
>
> Bydd gan gylch sydd â'r hafaliad uchod ganol $(-g, -f)$ ac mae'r radiws yn cael ei roi gan $\sqrt{g^2 + f^2 - c}$.

Trwy hyn, mae gan gylch C_1 ganol $(2, 2)$ a radiws 3.

Y pellter rhwng canolau'r ddau gylch

$d = \sqrt{(x_2 - x_1)^2 + (y_2 - y_1)^2}$

$\quad = \sqrt{(2-2)^2 + (2-1)^2}$

$\quad = 1$

Nawr os yw'r cylchoedd yn cyffwrdd yn fewnol

$d = r_1 - r_2$

$1 = 3 - r_2$

$r_2 = 2$

Trwy hyn, radiws y cylch $C_2 = 2$.

Enghraifft

② Mae gan y cylch C ganol A a'i hafaliad yw

$x^2 + y^2 - 2x + 6y - 15 = 0$.

(a) (i) Ysgrifennwch gyfesurynnau A.

   (ii) Cyfesurynnau'r pwynt P yw $(4, -7)$ ac mae P ar C. Darganfyddwch hafaliad y tangiad i C yn P.   [5]

(b) Hafaliad y llinell L yw $y = x + 4$. Dangoswch nad yw L ac C yn croestorri.   [4]

(CBAC C2 Ionawr 2011 Cw8)

Ateb

② (a) (i) $x^2 + y^2 - 2x + 6y - 15 = 0$.

Mae cwblhau'r sgwâr yn rhoi'r canlynol:

$(x - 1)^2 + (y + 3)^2 - 1 - 9 - 15 = 0$

$(x - 1)^2 + (y + 3)^2 = 25$

Mae cymharu hyn â hafaliad y cylch $(x - a)^2 + (y - b)^2 = r^2$

yn rhoi cyfesurynnau'r canol A fel $(1, -3)$ a'r radiws $= 5$.

> Dewis arall fyddai defnyddio'r fformiwla i gyfrifo cyfesurynnau canol a radiws y cylch.

(ii) Bydd y llinell sy'n cysylltu P ac A yn radiws y cylch C.

Graddiant llinell sy'n cysylltu $P(4, -7)$ ac $A(1, -3) = \dfrac{-7 - (-3)}{4 - 1} = \dfrac{-4}{3}$.

Y radiws AP fydd y normal i'r cylch yn P. Lluoswm graddiannau'r tangiad a'r normal fydd -1.

Graddiant y tangiad yn $P = \dfrac{3}{4}$ (h.y. gan ddefnyddio $m_1 m_2 = -1$).

> Mae normal a thangiad yn gwneud ongl o $90°$ i'w gilydd.

Hafaliad y tangiad yn P sydd â graddiant $\dfrac{3}{4}$ ac sy'n mynd trwy'r pwynt $(4, -7)$ yw

$y - (-7) = \dfrac{3}{4}(x - 4)$

$4y + 28 = 3x - 12$

$3x - 4y - 40 = 0$

> Cofiwch: Mae hafaliad llinell syth sydd â graddiant m ac sy'n mynd trwy'r pwynt (x_1, y_1) yn cael ei roi gan:
> $y - y_1 = m(x - x_1)$.

(b) Mae amnewid $y = x + 4$ i mewn i hafaliad y cylch yn rhoi:

$x^2 + (x + 4)^2 - 2x + 6(x + 4) - 15 = 0$

Mae lluosi'r cromfachau a symleiddio yn rhoi:

$2x^2 + 12x + 25 = 0$

Mae cymharu'r hafaliad hwn ag $ax^2 + bx + c$ yn rhoi:

$a = 2, b = 12$ ac $c = 25$

Rydym ni'n gwirio gwreiddiau'r hafaliad hwn:

$b^2 - 4ac = 144 - 4(2)(25) = 144 - 200 = -56$

Gan fod $b^2 - 4ac < 0$, does dim gwreiddiau real, sy'n golygu nad yw'r cylch a'r llinell yn croestorri.

> I ddarganfod croestorfannau cylch a llinell rydym ni'n datrys y ddau hafaliad yn gydamserol.
>
> Os oes un datrysiad, yna mae'r llinell yn cyffwrdd â'r cylch mewn un pwynt (h.y. mae'n dangiad). Os oes dau ddatrysiad, mae'n croestorri'r cylch mewn dau le. Os nad oes dim datrysiadau (oherwydd nad oes modd datrys yr hafaliad cwadratig) nid yw'r cylch a'r llinell yn croestorri nac yn cyffwrdd.

Cwestiynau tebyg i rai arholiad

① Mae gan y cylch C ganol A a'i hafaliad yw

$x^2 + y^2 - 4x + 6y = 3$.

(a) Ysgrifennwch gyfesurynnau A a darganfyddwch radiws C. [3]

(b) Hafaliad llinell syth yw $y = 4x - 7$.

Mae'r llinell syth hon yn croestorri'r cylch C mewn dau bwynt. Darganfyddwch gyfesurynnau'r ddau bwynt hyn. [4]

Ateb

① (a) O gymharu'r hafaliad $x^2 + y^2 - 4x + 6y = 3$ â'r hafaliad

$x^2 + y^2 + 2gx + 2fy + c = 0$ gallwn ni weld bod $g = -2$, $f = 3$ ac $c = -3$.

Cyfesurynnau'r canol A yw $(-g, -f) = (2, -3)$.

Radiws $= \sqrt{g^2 + f^2 - c} = \sqrt{(-2)^2 + (3)^2 + 3} = \sqrt{16} = 4$

(b) Mae amnewid $y = 4x - 7$ i mewn i hafaliad y cylch yn rhoi:

$x^2 + (4x - 7)^2 - 4x + 6(4x - 7) = 3$

$x^2 + 16x^2 - 56x + 49 - 4x + 24x - 42 = 3$

$17x^2 - 36x + 4 = 0$

$(17x - 2)(x - 2) = 0$

$x = \dfrac{17}{2}$ neu $x = 2$

> Rydym ni'n amnewid y cyfesurynnau-x i mewn i hafaliad y llinell syth i ddarganfod cyfesurynnau-y y croestorfannau.

Pan fo $x = \dfrac{17}{2}$, $y = 4\left(\dfrac{17}{2}\right) - 7 = 27$.

Pan fo $x = 2$, $y = 4(2) - 7 = 1$.

Trwy hyn, mae'r gromlin yn croestorri'r llinell syth yn y pwyntiau $\left(\dfrac{17}{2}, 27\right)$ a $(2, 1)$.

② Mae gan y cylch C ganol A a radiws r. Mae'r pwyntiau $P(0, 5)$ a $Q(8, -1)$ ar naill ben a llall diamedr o C.

(a) (i) Ysgrifennwch gyfesurynnau A.

(ii) Dangoswch fod $r = 5$.

(iii) Ysgrifennwch hafaliad C.

[4]

(b) Gwiriwch fod y pwynt $R(7, 6)$ ar C. [2]

(c) Darganfyddwch hafaliad y tangiad yn y pwynt R. [3]

Ateb

② (a) (i) A yw canolbwynt PQ.

Trwy hyn, cyfesurynnau A yw

$\left(\dfrac{0+8}{2}, \dfrac{5+(-1)}{2}\right) = (4, 2)$

> Rydym ni'n defnyddio'r fformiwla ar gyfer y canolbwynt $\left(\dfrac{x_1 + x_2}{2}, \dfrac{y_1 + y_2}{2}\right)$ yma.

(ii) Mae hyd y llinell syth sy'n cysylltu'r ddau bwynt $A(4, 2)$ a $P(0, 5)$ yn cael ei roi gan:

$$\text{Pellter } AP = r = \sqrt{(x_2 - x_1)^2 + (y_2 - y_1)^2}$$
$$= \sqrt{(0-4)^2 + (5-2)^2}$$
$$= \sqrt{16 + 9}$$
$$= \sqrt{25}$$
$$= 5$$

(iii) Hafaliad y cylch yw

$$(x - 4)^2 + (y - 2)^2 = 25$$

> Mae hafaliad cylch sydd â chanol (a, b) a radiws r yn cael ei roi gan:
> $$(x - a)^2 + (y - b)^2 = r^2$$

(b) Mae amnewid cyfesurynnau $R(7, 6)$ i mewn i ochr chwith yr hafaliad yn rhoi:

Ochr chwith $= (7 - 4)^2 + (6 - 2)^2 = 9 + 16 = 25 = 5^2 =$ Ochr dde, ac felly mae cyfesurynnau R ar y cylch.

> Yma rydym ni'n profi bod ochr chwith yr hafaliad, gyda chyfesurynnau'r pwynt yn cael eu rhoi i mewn ar gyfer x ac y, yn hafal i ochr dde'r hafaliad.

(c) Graddiant y llinell $AR = \dfrac{6-2}{7-4} = \dfrac{4}{3}$.

Graddiant y tangiad $= -\dfrac{3}{4}$.

> Mae AR yn radiws ac felly mae'n berpendicwlar i'r tangiad yn R.

Hafaliad y tangiad yw

$$y - 6 = -\frac{3}{4}(x - 7)$$
$$4y - 24 = -3x + 21$$
$$3x + 4y - 45 = 0$$

> Rydym ni'n amnewid graddiant y tangiad a'r pwynt mae'n mynd trwyddo i mewn i'r hafaliad ar gyfer llinell syth.

Profi eich hun

Atebwch y cwestiynau canlynol a gwiriwch eich atebion cyn symud ymlaen i'r testun nesaf.

① Hafaliad y cylch C yw $x^2 + y^2 - 8x - 6y = 0$.

Hafaliad y llinell syth L yw $y + 2x + 4 = 0$.

(a) Ysgrifennwch gyfesurynnau canol y cylch C a'i radiws. [3]

(b) Dangoswch nad yw'r llinell syth L a'r cylch C yn croestorri nac yn cyffwrdd. [4]

② Mae gan gylch yr hafaliad $x^2 + y^2 - 4x + 6y = 3$.

(a) Darganfyddwch gyfesurynnau canol y cylch a'i radiws.

(b) Dangoswch fod y pwynt $P(2, 1)$ ar y cylch.

③ Mae gan y cylch C ganol $A(2, 3)$ a radiws 5.

(a) Darganfyddwch hafaliad y cylch C yn y ffurf

$$x^2 + y^2 + ax + by + c = 0$$

lle mae a, b ac c yn gysonion sydd i'w darganfod.

(b) Darganfyddwch hafaliad y tangiad i'r cylch yn y pwynt $P(5, 7)$.

(Sylwch: mae'r atebion i'r cwestiynau 'Profi eich hun' yng nghefn y llyfr.)

1 Mae gan y cylch C ganol A a'i hafaliad yw $x^2 + y^2 - 8x + 2y + 7 = 0$.

(a) Darganfyddwch gyfesurynnau A a radiws C. [3]

(b) Cyfesurynnau'r pwynt P yw $(7, -2)$.

   (i) Gwireddwch fod P ar C.

   (ii) O wybod bod y pwynt Q fel bod PQ yn ddiamedr i C, darganfyddwch gyfesurynnau Q. [4]

(c) Hafaliad y llinell L yw $y = 2x - 4$. Darganfyddwch gyfesurynnau croestorfannau L ac C. [4]

(CBAC C2 Mai 2010 Cw9)

Ateb

1 (a) $x^2 + y^2 - 8x + 2y + 7 = 0$

Mae cwblhau'r sgwâr yn rhoi $(x - 4)^2 + (y + 1)^2 - 16 - 1 + 7 = 0$.

Mae hyn yn rhoi $(x - 4)^2 + (y + 1)^2 = 10$.

Mae cymharu hyn ag $(x - a)^2 + (y + b)^2 = r^2$ yn rhoi'r canol $A(4, -1)$ a'r radiws $= \sqrt{10}$.

(b) (i) Os yw'r pwynt P ar y cylch, bydd ei gyfesurynnau'n bodloni hafaliad y cylch.

Rydym ni'n amnewid y cyfesurynnau $(7, -2)$ i mewn i ochr chwith yr hafaliad:

Ochr chwith $= 7^2 + (-2)^2 - 8(7) + 2(-2) + 7 = 49 + 4 - 56 - 4 + 7 = 0 =$ Ochr dde

Mae cyfesurynnau P yn bodloni'r hafaliad, sy'n profi bod P ar y cylch.

(ii) $A(4, -1)$ a $P(7, -2)$

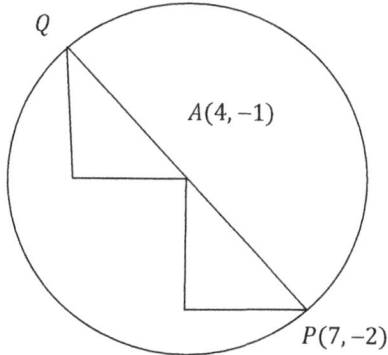

Mae dull arall o wirio bod P ar C yn golygu dangos bod y pellter o P i'r canol A yr un fath â radiws y cylch, fel hyn:

$AP^2 = (x_1 - x_2)^2 + (y_1 - y_2)^2$
$= (7 - 4)^2 + (-2 - (-1))^2$
$= 3^2 + (-1)^2 = 9 + 1 = 10 = r^2 \Rightarrow AP = r$

Mae'r pellter rhwng canol y cylch A a'r pwynt P yn hafal i radiws C, ac felly mae P ar C.

Mae $AP = AQ$. I fynd o P i A mae'r cyfesuryn-x yn lleihau gan 3 ac mae'r cyfesuryn-y yn cynyddu gan 1. Gallwn ni ddefnyddio'r ffaith hon wrth fynd o A i Q. Mae lleihau cyfesuryn-x y pwynt A gan 3 yn rhoi 1 ac mae cynyddu'r cyfesuryn-y gan 1 yn rhoi 0. Trwy hyn, cyfesurynnau Q yw $(1, 0)$.

(c) Rydym ni'n amnewid $y = 2x - 4$ i mewn i hafaliad y cylch.

$x^2 + y^2 - 8x + 2y + 7 = 0$

$x^2 + (2x - 4)^2 - 8x + 2(2x - 4) + 7 = 0$

$x^2 + 4x^2 - 16x + 16 - 8x + 4x - 8 + 7 = 0$

$5x^2 - 20x + 15 = 0$

$x^2 - 4x + 3 = 0$

$(x - 3)(x - 1) = 0$

$x = 3$ neu $x = 1$

Pan fo $x = 3$, $y = 2(3) - 4 = 2$.

Pan fo $x = 1$, $y = 2(1) - 4 = -2$.

Trwy hyn, y croestorfannau yw (3, 2) ac (1, −2).

> Rydym ni'n rhannu trwodd â 5 i symleiddio'r hafaliad cwadratig hwn.

> Rydym ni'n amnewid pob cyfesuryn-x i mewn i hafaliad y llinell syth i ddarganfod y cyfesuryn-y cyfatebol.

2 Mae gan y cylch C ganol A a radiws r. Mae'r pwyntiau $P(1, -4)$ a $Q(9, 10)$ ar naill ben a llall diamedr o C.

(a) (i) Ysgrifennwch gyfesurynnau A.

(ii) Dangoswch fod $r = \sqrt{65}$.

(iii) Ysgrifennwch hafaliad C. [4]

(b) Gwireddwch fod y pwynt $R(4, 11)$ ar C. [2]

(c) Darganfyddwch $Q\hat{P}R$. [3]

(CBAC C2 Mai 2008 Cw8)

Ateb

2 (a) (i) Canol y cylch yw canolbwynt y diamedr PQ.

Canolbwynt y llinell sy'n cysylltu $P(1, -4)$ a $Q(9, 10)$ yw

$$\left(\frac{1+9}{2}, \ \frac{-4+10}{2} \right) = (5, 3)$$

(ii) Mae'r pellter rhwng y pwyntiau $(1, -4)$ a $(5, 3)$ yn cael ei roi gan:

$r = \sqrt{(x_2 - x_1)^2 + (y_2 - y_1)^2}$

$r = \sqrt{(5 - 1)^2 + (3 - (-4))^2}$

$r = \sqrt{4^2 + 7^2}$

$= \sqrt{16 + 49}$

$r = \sqrt{65}$

> Y pellter o'r canolbwynt i'r cylchyn yw radiws y cylch.

(iii) Mae hafaliad cylch sydd â chanol (a, b) a radiws r yn cael ei roi gan:

$(x - a)^2 + (y - b)^2 = r^2$

Ar gyfer y cylch hwn, y canol yw (5, 3) a'r radiws yw $\sqrt{65}$.

$(x - 5)^2 + (y - 3)^2 = 65$

(b) Mae amnewid cyfesurynnau R i mewn i ochr chwith yr hafaliad yn rhoi:

Ochr chwith $= (4-5)^2 + (11-3)^2 = (-1)^2 + (8)^2 = 65 =$ Ochr dde, ac felly mae cyfesurynnau R ar y cylch.

(c)

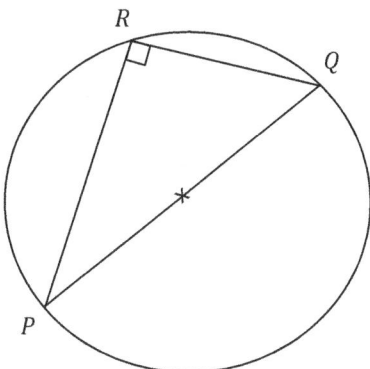

Mae PQ yn ddiamedr a gan fod R yn bwynt ar y cylchyn, mae'r ongl $P\hat{R}Q = 90°$ oherwydd ei bod yn ongl mewn hanner cylch.

Hyd $PQ = 2r = 2\sqrt{65}$

Hyd $QR = \sqrt{(x_2 - x_1)^2 + (y_2 - y_1)^2}$

$\qquad\quad = \sqrt{(9-4)^2 + (10-11)^2}$

$\qquad\quad = \sqrt{26}$

Gan ddefnyddio trigonometreg $\sin Q\hat{P}R = \dfrac{QR}{PQ}$

> Rydym ni'n defnyddio'r fformiwla ar gyfer y pellter rhwng dau bwynt yma.

$\qquad\qquad\qquad\qquad = \dfrac{\sqrt{26}}{2\sqrt{65}}$

$\qquad\qquad\qquad\qquad = 0.3162$

Trwy hyn, $Q\hat{P}R = \sin^{-1}(0.3162)$

$\qquad\qquad\quad = 18.4°$

Testun 4 — Trigonometreg

Mae'r testun hwn yn ymdrin â'r canlynol:

- Rheolau sin a cos ac arwynebedd triongl yn y ffurf $\frac{1}{2}ab\sin C$
- Mesur mewn radianau, hyd arc, arwynebedd sector ac arwynebedd segment
- Ffwythiannau sin, cos a tan, eu graffiau a'u cyfnodedd
- Gwybodaeth a defnydd o $\tan\theta = \dfrac{\sin\theta}{\cos\theta}$ a $\cos^2\theta + \sin^2\theta = 1$
- Datrys hafaliadau trigonometrig syml mewn cyfwng penodol

Ffwythiannau sin, cos a tan a'u hunion werthoedd

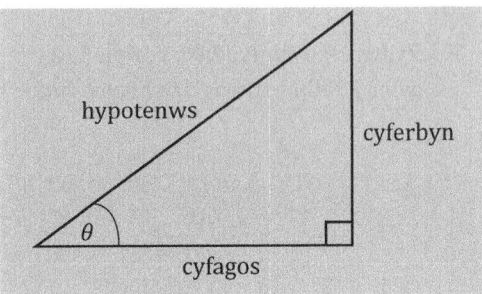

Fe wnaethoch chi ymdrin â'r cymarebau canlynol yn eich astudiaethau TGAU. Maen nhw'n berthnasol i drionglau ongl sgwâr yn unig.

$$\sin\theta = \frac{\text{cyferbyn}}{\text{hypotenws}}$$

$$\cos\theta = \frac{\text{cyfagos}}{\text{hypotenws}}$$

$$\tan\theta = \frac{\text{cyferbyn}}{\text{cyfagos}}$$

Union werthoedd sin, cos a tan 30°, 45° a 60°

Gallwn ni ddarganfod union werthoedd sin, cos a tan yr onglau uchod trwy luniadu trionglau, cyfrifo hyd yr ochrau sy'n anhysbys ac yna defnyddio trigonometreg i gyfrifo union werthoedd sin, cos a tan yr onglau.

Union werthoedd sin, cos a tan 45°

Gallwn ni gyfrifo'r union werthoedd trwy luniadu'r triongl canlynol:

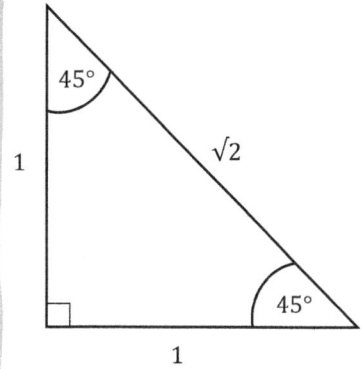

> Rydym ni'n cyfrifo hyd yr hypotenws gan ddefnyddio theorem Pythagoras.
> Hypotenws $= \sqrt{1^2 + 1^2} = \sqrt{2}$

> Os oes gofyn i chi ddarganfod yr union werth, rhaid i chi beidio â brasamcanu dim o'r ochrau fel degolyn.

$$\sin 45° = \frac{\text{cyferbyn}}{\text{hypotenws}} = \frac{1}{\sqrt{2}}$$

$$\cos 45° = \frac{\text{cyfagos}}{\text{hypotenws}} = \frac{1}{\sqrt{2}}$$

$$\tan 45° = \frac{\text{cyferbyn}}{\text{cyfagos}} = \frac{1}{1} = 1$$

Union werthoedd sin, cos a tan 30° a 60°

Gallwn ni gyfrifo'r union werthoedd gan ddefnyddio triongl hafalochrog sydd â hyd ei ochrau yn 2 ac yna tynnu un o'r llinellau cymesuredd i ffurfio dau driongl ongl sgwâr unfath.

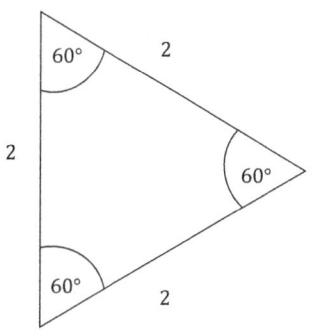
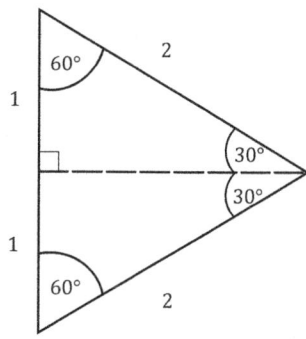

> Dechrau gyda thriongl hafalochrog sydd â hyd ei ochrau = 2. Bydd pob ongl yn y triongl hwn yn 60°.

> Mae'r hanerydd perpendicwlar yn rhannu'r triongl gwreiddiol yn ddau driongl ongl sgwâr. Sylwch fod yr ongl yn cael ei haneru yn ogystal ag ochr.

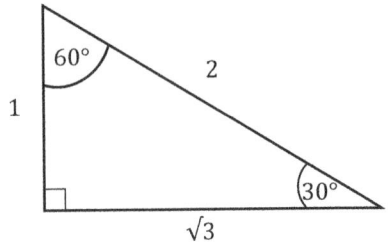

> Rydym ni'n defnyddio hanner y triongl gwreiddiol. Rydym ni'n cyfrifo hyd sail y triongl hwn gan ddefnyddio theorem Pythagoras.
>
> Sail $= \sqrt{2^2 - 1^2} = \sqrt{3}$

> Yna rydym ni'n defnyddio cymhareb hyd yr ochrau i roi sin, cos a tan y gwahanol onglau.

$\sin 30° = \dfrac{1}{2}$

$\cos 30° = \dfrac{\sqrt{3}}{2}$

$\tan 30° = \dfrac{1}{\sqrt{3}}$

$\sin 60° = \dfrac{\sqrt{3}}{2}$

$\cos 60° = \dfrac{1}{2}$

$\tan 60° = \sqrt{3}$

Darganfod onglau o wybod cymhareb drigonometrig

Darganfod onglau gan ddefnyddio'r dull CAST

Un dull o ddarganfod onglau o wybod cymhareb drigonometrig yw'r dull CAST.

Mae'r dull CAST yn defnyddio'r diagram sydd i'w weld isod. Mae A yn dangos bod yr holl gymarebau yn bositif yn y pedrant cyntaf (ar gyfer onglau rhwng 0° a 90°), mae S yn dangos bod sin yn bositif yn yr ail bedrant (90° i 180°), mae T yn dangos bod tan yn bositif yn y trydydd pedrant (180° i 270°) ac mae C yn dangos bod cos yn bositif yn y pedwerydd pedrant (270° i 360°).

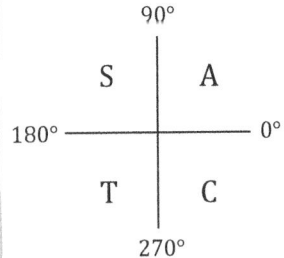

> Dylech chi gofio'r diagram syml hwn os ydych chi'n bwriadu defnyddio'r dull CAST.

Mae CAST yn sefyll am Cos, *All*, Sin, Tan ac mae'r diagram yn dangos lle mae'r ffwythiannau hyn yn bositif. Er enghraifft, tybiwch fod angen darganfod holl werthoedd yr ongl θ yn yr amrediad $0° \leq \theta \leq 360°$ lle mae $\sin \theta = 0.6946$. Yma mae gennym ni werth positif ar gyfer $\sin \theta$. Mae'r ffwythiant sin yn bositif yn y pedrant cyntaf a'r ail bedrant.

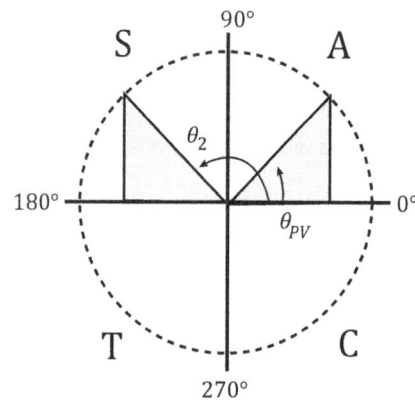

Sylwch ein bod yn mesur yr onglau yn wrthglocwedd o 0°.

Mae sin yn bositif yn y pedrant 1af a'r 2il bedrant

Rydym ni'n lluniadu dau driongl yn y rhanbarthau lle mae sin θ yn bositif. Gallwn ni ddefnyddio cyfrifiannell i ddarganfod y gwerth cyntaf θ_{PV} trwy roi $\sin^{-1}(0.6946)$ i mewn i'r cyfrifiannell. Mae hyn yn rhoi $\theta_{PV} = 44°$. Gan fod y ddau driongl yn unfath rydym ni'n darganfod gwerth θ_2 trwy dynnu 44° o 180°. Trwy hyn, yr ongl arall yw $180° - 44° = 136°$. Felly $\theta = 44°$ neu $136°$.

Enghraifft

① Darganfyddwch holl werthoedd yr ongl θ yn yr amrediad $0° \leq \theta \leq 360°$, lle mae $\cos \theta = -\dfrac{1}{2}$.

Ateb

① Rydym ni'n lluniadu dau driongl yn y rhanbarthau lle mae $\cos \theta$ yn negatif. Mae cos yn negatif yn yr ail bedrant a'r trydydd pedrant. Gallwn ni ddarganfod θ_{PV} trwy ddefnyddio cyfrifiannell a rhoi $\cos^{-1}(-0.5)$ i mewn. Mae hyn yn rhoi gwerth o 120°. Trwy gymesuredd, gallwn ni ddarganfod gwerth θ_2 trwy dynnu 120° o 360°. Felly yr ongl arall yw $360° - 120° = 240°$. Felly $\theta = 120°$ neu $240°$.

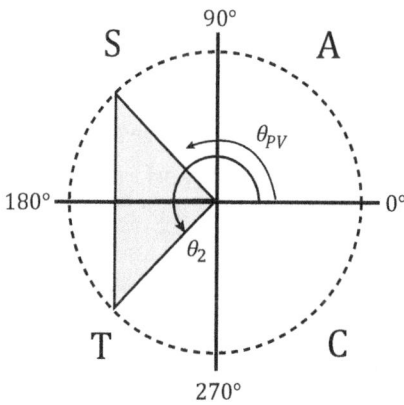

Gan ddefnyddio'r dull hwn, rydym ni'n darganfod y datrysiadau trwy wneud yr un ongl o'r llorweddol ym mhob un o'r pedrannau priodol, e.e. $180° - 60° = 120°$ ac $180° + 60° = 240°$.

Mae cos yn negatif yn yr 2il bedrant a'r 3ydd pedrant

Darganfod onglau gan ddefnyddio graffiau trigonometrig

Mae dull arall yn golygu defnyddio'r graffiau trigonometrig i ddarganfod yr onglau i gyd. Yma rhaid i chi allu lluniadu graffiau pob ffwythiant trigonometrig (sin, cos a tan).

Mae'n debyg y byddwch chi'n gyfarwydd â'r graffiau hyn o'ch gwaith TGAU. Mae'r graffiau wedi'u cynnwys ar dudalennau 135–137.

Enghraifft

② Darganfyddwch holl werthoedd yr ongl θ yn yr amrediad $0° \le \theta \le 360°$, lle mae $\sin \theta = \dfrac{1}{2}$.

Ateb

② Rydym ni'n lluniadu graff $y = \sin \theta$ yn yr amrediad $0° \le \theta \le 360°$.

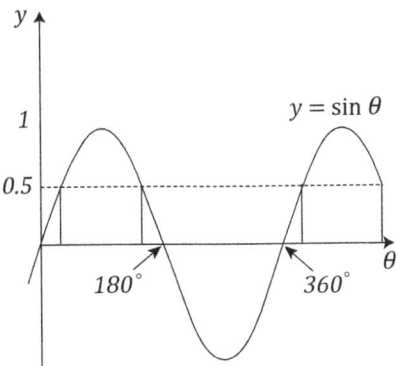

Rydym ni'n darganfod yr ongl gyntaf trwy wneud y cyfrifiad $\sin^{-1}\left(\dfrac{1}{2}\right)$ neu $\sin^{-1}(0.5)$ gan ddefnyddio cyfrifiannell neu drwy adnabod (edrychwch ar dudalen 125). Y canlyniad yw 30°. Trwy gymesuredd y graff gallwn ni weld mai'r ongl arall fydd $180° - 30° = 150°$. Trwy hyn, dau werth θ yn yr amrediad gofynnol yw 30° ac 150°.

Rheolau sin a cos

Gallwn ni ddefnyddio rheolau sin a cos gydag unrhyw driongl, nid yn unig trionglau sy'n cynnwys ongl sgwâr.

Y llythrennau A, B ac C sy'n dynodi'r onglau a'r llythrennau a, b ac c, yn ôl eu trefn, sy'n dynodi hyd yr ochrau sydd gyferbyn â'r onglau hyn.

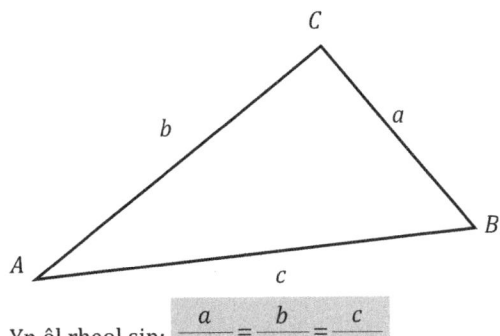

Yn ôl rheol sin: $\dfrac{a}{\sin A} = \dfrac{b}{\sin B} = \dfrac{c}{\sin C}$

Yn ôl rheol cos: $a^2 = b^2 + c^2 - 2bc \cos A$

> Dylech chi ddefnyddio rheol sin yn y ffurf sy'n fwyaf defnyddiol ar gyfer y cwestiwn dan sylw:
>
> $\dfrac{a}{\sin A} = \dfrac{b}{\sin B} = \dfrac{c}{\sin C}$ neu $\dfrac{\sin A}{a} = \dfrac{\sin B}{b} = \dfrac{\sin C}{c}$

> Nid yw'r fformiwlâu ar gyfer rheolau sin a cos yn y llyfryn fformiwlâu, felly rhaid eu cofio.

Arwynebedd triongl

Os yw dwy o ochrau triongl yn hysbys yn ogystal â'r ongl sydd rhyngddynt, yna gallwn ni ddarganfod arwynebedd y triongl gan ddefnyddio'r fformiwla:

Arwynebedd triongl $= \dfrac{1}{2}ab \sin C$

> Mae'r fformiwla hon yn gweithio ar gyfer pob triongl, ond ar gyfer arwynebeddau trionglau ongl sgwâr defnyddiwch y fformiwla $A = \dfrac{1}{2} \times sail \times uchder$
>
> Sylwch na fydd y fformiwla hon yn y llyfryn ffomiwlâu.

Rhybudd: cymerwch ofal pan fyddwch chi'n defnyddio'r fformiwla hon i gyfrifo'r ongl pan fydd arwynebedd y triongl a dwy o'i ochrau yn hysbys.

Er enghraifft, mae $\sin C = \dfrac{1}{2}$ yn gallu bod â dau ddatrysiad sef 30° ac 150°.

Os yw ongl arall yn y triongl yn hysbys, yna efallai na fydd yr ongl aflem yn ddatrysiad posibl. Bydd geiriad y cwestiwn yn eich arwain chi, felly edrychwch i weld a yw'r lluosog 'onglau' yn y cwestiwn er mwyn gwybod a ydych chi'n chwilio am ddwy ongl bosibl.

Enghraifft

① Mae'r diagram isod yn dangos y triongl ABC gydag $AB = x$ cm, $AC = (x + 4)$ cm a $B\hat{A}C = 150°$.

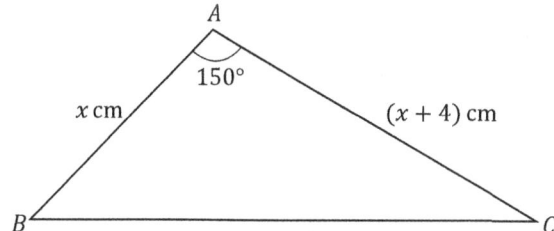

O wybod mai arwynebedd y triongl ABC yw 15 cm²,

(a) darganfyddwch werth x, [3]

(b) darganfyddwch hyd BC yn gywir i un lle degol. [2]

(CBAC C2 Mai 2008 Cw3)

Ateb

① (a) Arwynebedd y triongl $ABC = \dfrac{1}{2}bc \sin A$

$= \dfrac{1}{2}(x+4)x \sin 150°$

$= \dfrac{1}{2}(x+4)x\left(\dfrac{1}{2}\right)$

$= \dfrac{1}{4}\left(x^2 + 4x\right)$

$15 = \dfrac{1}{4}\left(x^2 + 4x\right)$

$60 = x^2 + 4x$

$x^2 + 4x - 60 = 0$

$(x - 6)(x + 10) = 0$

Mae datrys yn rhoi $x = 6$ neu $x = -10$.

Gan fod x yn hyd ochr, mae $x = -10$ yn amhosibl, felly $x = 6$.

(b) Mae amnewid y gwerth $x = 6$ ar gyfer y ddwy ochr yn rhoi:

$AB = 6$ cm ac $AC = 10$ cm

Rydym ni'n defnyddio rheol cos

$BC^2 = 6^2 + 10^2 - 2 \times 6 \times 10 \cos 150°$

$BC^2 = 36 + 100 - 120 \cos 150°$

$BC^2 = 136 + 103.92$

$BC = \sqrt{239.92}$

$BC = 15.5$ cm (yn gywir i 1 lle degol)

Enghraifft

② Mae'r triongl ABC fel bod $AB = 16$ cm, $AC = 9$ cm ac $A\hat{B}C = 23°$.

(a) Darganfyddwch y gwerthoedd posibl ar gyfer $A\hat{C}B$. Rhowch eich atebion yn gywir i'r radd agosaf. [2]

(b) O wybod mai ongl **lem** yw $B\hat{A}C$, darganfyddwch

(i) maint $B\hat{A}C$, gan roi eich ateb yn gywir i'r radd agosaf,

(ii) arwynebedd triongl ABC, gan roi eich ateb yn gywir i un lle degol. [4]

(CBAC C2 Mai 2009 Cw3)

Ateb

② (a)

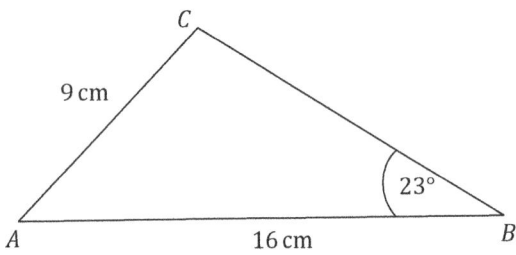

Mae'n syniad da lluniadu braslun yn dangos sut byddai'r triongl yn edrych. Bydd hyn yn eich galluogi i weld pa ochrau ac onglau sy'n hysbys fel y gallwch chi benderfynu a ddylech chi ddefnyddio rheol sin neu reol cos.

Rydym ni'n defnyddio rheol sin

$$\frac{\sin A\hat{C}B}{16} = \frac{\sin 23°}{9}$$

$$\sin A\hat{C}B = \frac{16 \sin 23°}{9}$$

$$\sin A\hat{C}B = 0.6946$$

$$A\hat{C}B = 44° \text{ neu } 136°$$

Nid yw'r cwestiwn yn rhoi diagram i chi ar gyfer y triongl a sylwch ei fod yn gofyn am **werthoedd** posibl ar gyfer $A\hat{C}B$. Mae hyn yn ymhlygu mwy nag un gwerth, felly rhaid i chi chwilio am y ddwy ongl sydd â sin o 0.6946.

(b) (i) Os yw'r ongl BAC yn lem, rhaid bod yr ongl ACB yn 136°. Trwy hyn, ongl $BAC = 180° - (136° + 23°) = 21°$.

Pe bai'r ongl ACB yn 44° byddai'n golygu bod yr ongl BAC yn aflem.

(ii)   Arwynebedd triongl $= \dfrac{1}{2}bc \sin A$

$\qquad = \dfrac{1}{2} \times 9 \times 16 \times \sin 21°$

$\qquad = 25.8025 \text{ cm}^2$

$\qquad = 25.8 \text{ cm}^2$ (i 1 lle degol)

Enghraifft

③   Mae'r diagram isod yn dangos braslun o'r triongl ABC gydag $AB = 8$ cm, $AC = x$ cm, $BC = (x + 2)$ cm ac $A\hat{B}C = 60°$.

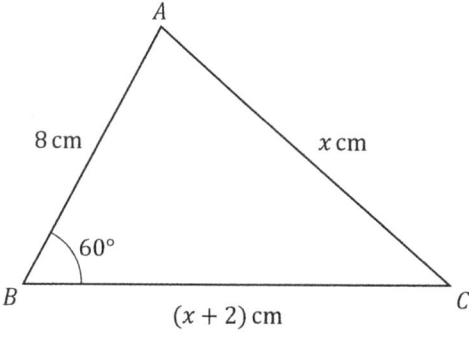

(a)   Ysgrifennwch a symleiddiwch hafaliad y mae x yn ei fodloni. Trwy hyn, enrhifwch x.   [3]

(b)   Darganfyddwch faint $A\hat{C}B$.   [2]

(CBAC C2 Ionawr 2010 Cw3)

Ateb

③   (a)   Rydym ni'n defnyddio rheol cos

$\qquad x^2 = 8^2 + (x + 2)^2 - 2 \times 8 \times (x + 2) \cos 60°$

$\qquad x^2 = 64 + x^2 + 4x + 4 - 16 \times (x + 2) \times \dfrac{1}{2}$

$\qquad x^2 = 64 + x^2 + 4x + 4 - 8x - 16$

$\qquad x^2 = x^2 - 4x + 52$

$\qquad 0 = -4x + 52$

$\qquad x = 13$

(b)

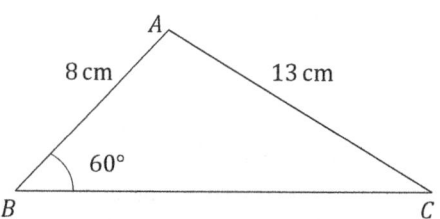

Rydym ni'n defnyddio rheol sin

$$\frac{\sin C}{c} = \frac{\sin B}{b}$$

$$\frac{\sin A\hat{C}B}{8} = \frac{\sin 60°}{13}$$

$$\sin A\hat{C}B = \frac{8 \times \sin 60°}{13} = 0.5329$$

Trwy hyn, $A\hat{C}B = 32.2°$.

Mesur mewn radianau, hyd arc, arwynebedd sector ac arwynebedd segment

Mesur mewn radianau

Mae uned arall ar gyfer mesur onglau sef y radian.

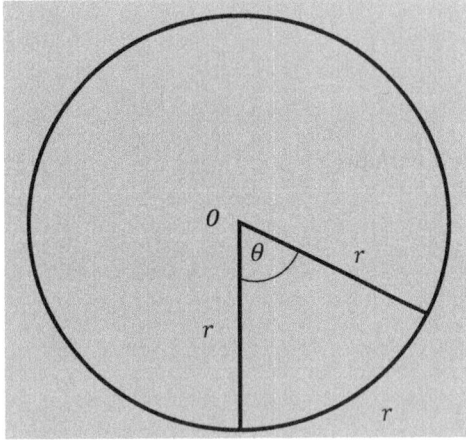

Pan fo hyd arc yr un fath â'r radiws, yna yr ongl rhwng y ddau radiws a'r arc, θ, yw 1 radian. Byddai arc sydd â'i hyd yn $2r$ yn rhoi ongl yn y canol o 2 radian, a byddai arc sydd â'i hyd yn θr yn rhoi ongl yn y canol o θ radian.

Os yw hyd arc yn hafal i hanner y cylchedd, yna hyd yr arc yw πr. Os yw arc sydd â'r hyd hwn yn cyfateb i ongl yn y canol o θ radian, yna mae hafalu'r ddau yn rhoi:

$$r\theta = \pi r$$

Felly $\theta = \pi$ (nawr gan fod $\theta = 180°$) gallwn ni ysgrifennu π radian $= 180°$.

Felly 1 radian $= \dfrac{180}{\pi} = \dfrac{180}{3.14} = 57.3°$.

Dyma rai onglau poblogaidd wedi'u mynegi mewn radianau a graddau:

2π radian $= 360°$

$\dfrac{\pi}{2}$ radian $= 90°$ $\quad$ $\dfrac{\pi}{4}$ radian $= 45°$

$\dfrac{\pi}{3}$ radian $= 60°$ $\quad$ $\dfrac{\pi}{6}$ radian $= 30°$

> Gwriwich fod eich cyfrifiannell wedi'i osod i'r modd radianau pan fyddwch chi'n gwneud cyfrifiadau radianau. Cofiwch ei droi'n ôl i raddau ar ôl cwblhau'r cwestiwn.

Hyd arc

Hyd arc sy'n gwneud ongl o θ radian yn y canol $l = r\theta$

Mae l yn ffracsiwn o'r cylchedd ac mae'n cael ei roi gan:

$$l = \frac{\theta}{2\pi} \times 2\pi r = r\theta$$

Cofiwch: ar gyfer hyd arcau ac arwynebedd sectorau mae'r ongl yn y canol yn cael ei mesur mewn radianau.

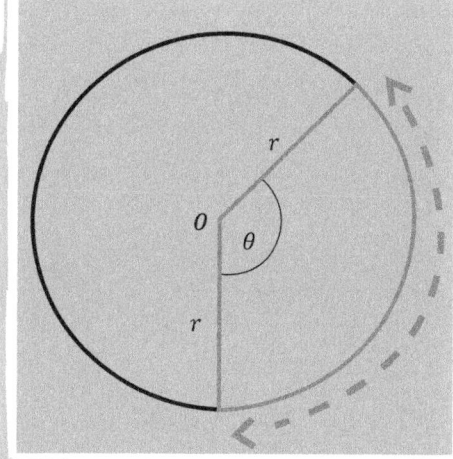

Arwynebedd sector

Arwynebedd sector sy'n gwneud ongl o θ radian yn y canol $= \frac{1}{2}r^2\theta$

Mae A yn ffracsiwn o arwynebedd y cylch cyflawn ac mae'n cael ei roi gan:

$$A = \frac{\theta}{2\pi} \times \pi r^2 = \frac{1}{2}r^2\theta$$

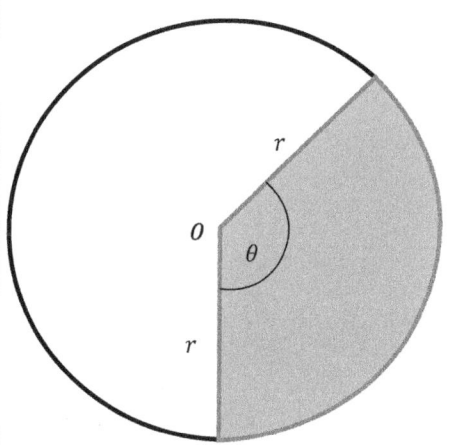

Arwynebedd segment

Segment o gylch yw'r arwynebedd sydd â chord ac arc yn ffin iddo. Dyma'r arwynebedd sydd wedi'i dywyllu gan linellau yn y diagram.

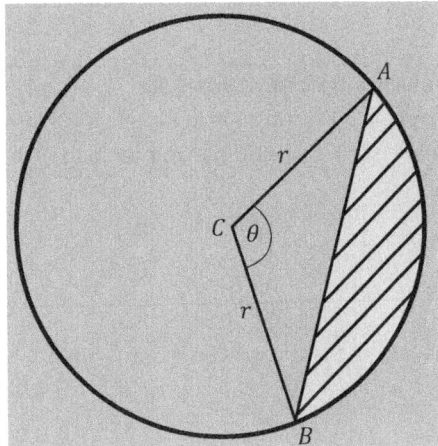

Arwynebedd sector $ABC = \dfrac{1}{2}r^2\theta$

Arwynebedd triongl $ABC = \dfrac{1}{2}ab \sin\theta$ ond gan fod $a = r$ a $b = r$ gallwn ni ysgrifennu

Arwynebedd triongl $ABC = \dfrac{1}{2}r^2 \sin\theta$

Arwynebedd y segment = arwynebedd sector ABC − arwynebedd triongl ABC

$$= \frac{1}{2}r^2\theta - \frac{1}{2}r^2 \sin\theta$$

$$= \frac{1}{2}r^2(\theta - \sin\theta)$$

> Rhaid mesur θ mewn radianau.

Enghraifft

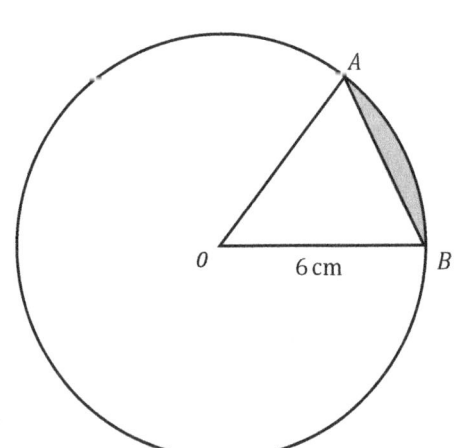

Mae'r diagram yn dangos dau bwynt A a B ar gylch â chanol O a radiws 6 cm. Hyd yr **arc** AB yw 5.4 cm.

(a) Dangoswch mai arwynebedd y **sector** AOB yw 16.2 cm^2. [4]

(b) Darganfyddwch arwynebedd y rhanbarth sydd wedi'i dywyllu, gan roi eich ateb yn gywir i un lle degol. [3]

(CBAC C2 Mai 2008 Cw9)

Ateb

① (a) Hyd arc $AB = r\theta$

$5.4 = 6\theta$

$\theta = 0.9$ radian

Arwynebedd sector $AOB = \dfrac{1}{2}r^2\theta$

$= \dfrac{1}{2} \times 6^2 \times 0.9$

$= 16.2$ cm^2

(b) Arwynebedd triongl $AOB = \dfrac{1}{2} ab \sin C$

$= \dfrac{1}{2} \times 6 \times 6 \sin 0.9$

$= 14.10$ cm^2

Arwynebedd y rhanbarth sydd wedi'i dywyllu (h.y. y segment) = Arwynebedd y sector − Arwynebedd y triongl

$= 16.2 - 14.10$

$= 2.1$ cm^2 (yn gywir i 1 lle degol)

Nid yw'r ongl yn y canol wedi'i rhoi. Gallwn ni ddefnyddio fformiwla hyd arc i gyfrifo'r ongl yn y canol mewn radianau.

Gwella gradd

Edrychwch yn gyson ar y fformiwlâu yn y llyfryn fformiwlâu er mwyn gwybod pa rai mae angen i chi eu cofio. Sylwch nad yw'r fformiwlâu ar gyfer hyd arc ac arwynebedd sector yn y llyfryn fformiwlâu.

Sylwch fod a a b yn hafal i radiws r y cylch.

Cofiwch osod eich cyfrifiannell i'r modd radianau cyn gwneud y gwaith cyfrifo hwn.

Graffiau sin, cos a tan a'u cyfnodedd

Graff sin lle mae θ wedi'i fynegi mewn radianau ($y = \sin \theta$)

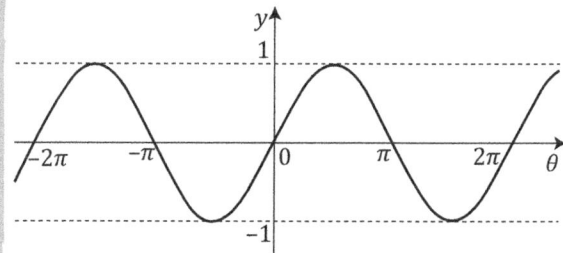

Mae gan graff sin gyfnod o 2π, sy'n golygu bod y graff yn ailadrodd ei hun bob 2π radian.

Mae gan graff sin gyfnod o 2π oherwydd bydd gan werth penodol o θ yr un gwerth y ar ongl o $\theta + 2\pi$, $\theta + 4\pi$, ac yn y blaen.

Graff sin lle mae θ wedi'i fynegi mewn graddau ($y = \sin\theta$)

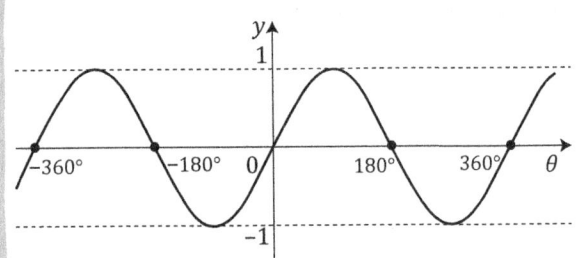

Graff cos lle mae θ wedi'i fynegi mewn radianau ($y = \cos\theta$)

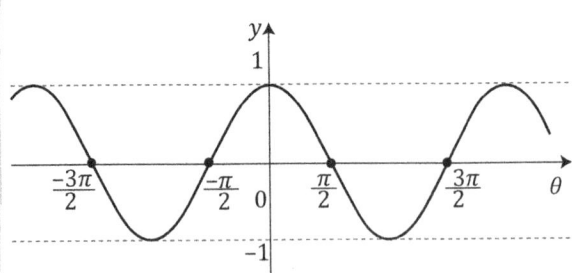

Mae gan graff cos gyfnod o 2π, sy'n golygu bod y graff yn ailadrodd ei hun bob 2π radian.

Mae gan graff cos gyfnod o 2π oherwydd bydd gan werth penodol o θ yr un gwerth y ar ongl o $\theta + 2\pi$, $\theta + 4\pi$, ac yn y blaen.

Graff cos lle mae θ wedi'i fynegi mewn graddau ($y = \cos\theta$)

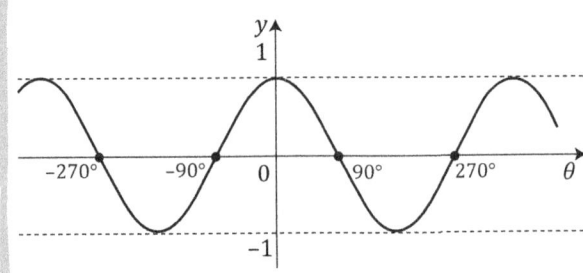

Graff tan lle mae θ wedi'i fynegi mewn radianau ($y = \tan\theta$)

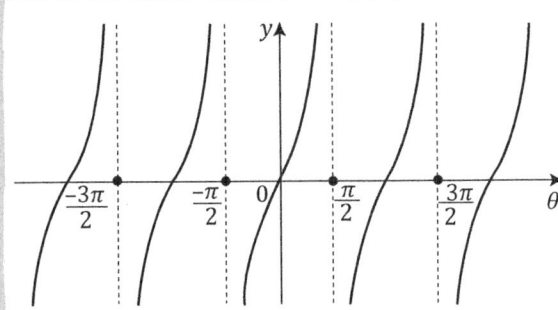

Cyfnod graff tan θ yw π radian.

Graff tan lle mae θ wedi'i fynegi mewn graddau ($y = \tan θ$)

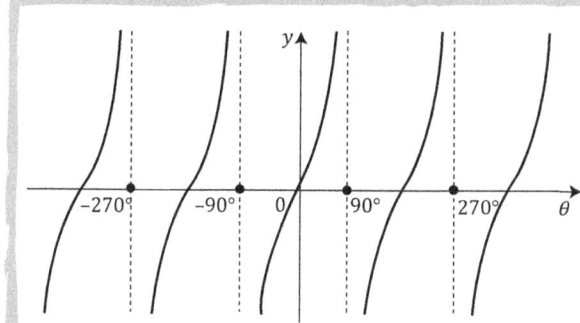

Gwybodaeth a defnydd o $\tan θ = \dfrac{\sin θ}{\cos θ}$ a $\cos^2 θ + \sin^2 θ = 1$

Mae dau unfathiant trigonometrig y gallai fod angen i chi eu defnyddio wrth ddatrys hafaliadau trigonometrig syml. Y ddau unfathiant hyn yw:

$$\tan θ = \frac{\sin θ}{\cos θ}$$

$$\cos^2 θ + \sin^2 θ = 1$$

> Rhaid cofio'r ddau unfathiant hyn. Nid ydynt yn y llyfryn fformiwlâu.

Byddwch chi'n gweld y ddau unfathiant uchod yn cael eu defnyddio yn yr enghreifftiau sy'n dilyn yr adran nesaf.

> Efallai y gwelwch symbol unfathiant ≡ yn cael ei ddefnyddio weithiau yn hytrach na'r arwydd 'yn hafal i'. Gallwch chi eu trin nhw yn yr un modd. Perthynas sy'n cynnwys llythyren ac sy'n wir am holl werthoedd y llythyren yw unfathiant.

Datrys hafaliadau trigonometrig syml mewn cyfwng penodol

Rydym ni'n gallu defnyddio graffiau ffwythiannau trigonometrig i helpu i nodi holl ddatrysiadau hafaliad trigonometrig syml mewn cyfwng penodol.

Tybiwch fod yn rhaid i ni ddatrys yr hafaliad canlynol yn y cyfwng $0° \le θ \le 360°$

$$\sin(2x - 30)° = \frac{1}{2}$$

Lluniadwch graff o $y = \sin θ$. Bydd angen i chi fynd ymhellach o lawer na 360° ar gyfer eich graff er mwyn dangos yr holl ddatrysiadau posibl.

Yma rydym ni'n mynd mor bell â 720°.

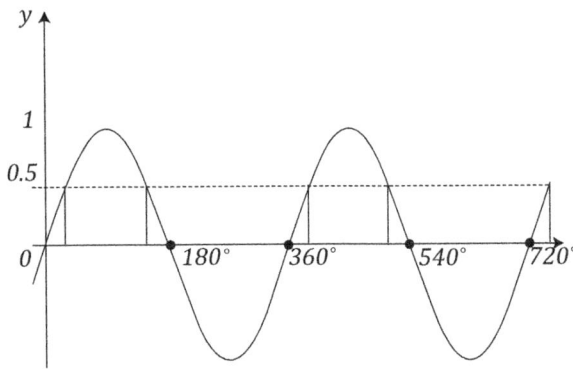

$$2x - 30 = \sin^{-1}\left(\frac{1}{2}\right)$$

Rydym ni'n gadael i $\theta = 2x - 30$.

Felly $\theta = \sin^{-1}\left(\frac{1}{2}\right)$.

> Gallech chi hefyd ddefnyddio'r dull CAST ar gyfer darganfod yr holl onglau θ yn yr amrediad gofynnol.

Gan ddefnyddio'r cyfrifiannell (neu'r trionglau ar gyfer yr union werthoedd a ddysgwyd yn gynharach) mae gennym ni $\theta = 30°$. Gallwn ni weld o'r graff bod y llinell $y = \frac{1}{2}$ hefyd yn croestorri'r gromlin yn y gwerthoedd canlynol o θ:

$\theta = 150°, 390°, 510°$

Pan fyddwn ni'n chwilio am yr holl ddatrysiadau, rhwng 0° a 360°, o $(2\theta - 30) = \frac{1}{2}$, bydd y gwerthoedd θ y mae angen eu hystyried i'w cael rhwng $2 \times 0 - 30$ a $2 \times 360 - 30$, h.y. −30° a 690°.

Yn ymarferol, mae'n debyg ei bod yn well ystyried dwywaith cymaint â'r amrediad, gan mai lluosrif yr ongl dan sylw yw 2, h.y. o 0° i 720°. Mae'n gyflymach gwneud y cyfrifiad hwn.

Trwy hyn, $\theta = 30°, 150°, 390°, 510°$.

> Mae sin yn bositif yn y pedrant cyntaf a'r ail bedrant, ac felly $\theta = 30°$ neu $\theta = 180 - 30 = 150°$, neu (gan adio 360°) 390° neu 510°, ac yn y blaen.

Felly $2x - 30 = 30°, 150°, 390°, 510°$

$2x = 60°, 180°, 420°, 540°$

$x = 30°, 90°, 210°, 270°$

Felly gwerthoedd x yn yr amrediad gofynnol yw $x = 30°, 90°, 210°, 270°$.

Enghraifft

① Darganfyddwch werthoedd x yn yr amrediad $0° \leq \theta \leq 360°$ sy'n bodloni'r hafaliad

$2 \sin x = \tan x$

Ateb

① $2 \sin x = \tan x$

$2 \sin x = \dfrac{\sin x}{\cos x}$

$2 \sin x \cos x = \sin x$

> Peidiwch â chael eich temtio yma i rannu'r ddwy ochr â $\sin x$. Os gwnewch chi hyn byddwch chi'n colli rhai o ddatrysiadau'r hafaliad.

$2 \sin x \cos x - \sin x = 0$

$\sin x (2 \cos x - 1) = 0$

Trwy hyn, $\sin x = 0$ neu $2 \cos x - 1 = 0$.

Felly $\sin x = 0$ neu $\cos x = \dfrac{1}{2}$.

$\sin x = 0$ yn $x = 0°, 180°, 360°$

$\cos x = \dfrac{1}{2}$ yn $x = 60°$ neu $300°$

Trwy hyn, $x = 0°, 60°, 180°, 300°$ neu $360°$.

> Gan ddefnyddio'r dull CAST e.e. ar gyfer $\cos x = \dfrac{1}{2}$, mae cos yn bositif yn y pedrant cyntaf a'r pedwerydd pedrant, felly $x = 60°$ neu $x = 360° - 60° = 300°$.

Enghraifft

② (a) Darganfyddwch holl werthoedd θ yn yr amrediad $0° \le \theta \le 360°$ sy'n bodloni $12 \cos^2 \theta - 5 \sin \theta = 10$. [6]

(b) Darganfyddwch holl werthoedd x yn yr amrediad $0° \le x \le 180°$ sy'n bodloni $\tan 2x = -1.6$. [2]

(c) Darganfyddwch holl werthoedd ϕ yn yr amrediad $0° \le \phi \le 180°$ sy'n bodloni $\tan \phi + 2 \sin \phi = 0$. [4]

(CBAC C2 Mai 2010 Cw2)

Ateb

② (a) $12 \cos^2 \theta - 5 \sin \theta = 10$

$12(1 - \sin^2 \theta) - 5 \sin \theta = 10$

$12 \sin^2 \theta + 5 \sin \theta - 2 = 0$

$(4 \sin \theta - 1)(3 \sin \theta + 2) = 0$

$\sin \theta = \dfrac{1}{4}$ neu $\sin \theta = -\dfrac{2}{3}$

> $\cos^2 \theta + \sin^2 \theta = 1$
> felly $\cos^2 \theta = 1 - \sin^2 \theta$

Pan fo $\sin \theta = \dfrac{1}{4}, \theta = 14.5°$ neu $165.5°$.

Pan fo $\sin \theta = -\dfrac{2}{3}, \theta = 221.8°$ neu $318.2°$.

> Cofiwch gynnwys yr holl ddatrysiadau yn yr amrediad gofynnol.

$\theta = 14.5°, 165.5°, 221.8°$ neu $318.2°$

(b) $\tan 2x = -1.6$

$2x = 122°, 302°$

$x = 61°$ neu $151°$

(c) $\tan \phi + 2 \sin \phi = 0$

$\dfrac{\sin \phi}{\cos \phi} + 2 \sin \phi = 0$

$\sin \phi + 2 \sin \phi \cos \phi = 0$

$\sin \phi (1 + 2 \cos \phi) = 0$

$\sin \phi = 0$ neu $\cos \phi = -\dfrac{1}{2}$

$\phi = 0°, 180°$ neu $120°$

> Rydym ni'n defnyddio $\tan \phi = \dfrac{\sin \phi}{\cos \phi}$

Cwestiynau tebyg i rai arholiad

① (a) Darganfyddwch holl werthoedd θ yn yr amrediad $0° \leq \theta \leq 360°$ sy'n bodloni $2 \sin \theta = 1$. [3]

(b) Darganfyddwch holl werthoedd θ yn yr amrediad $0° \leq \theta \leq 2\pi$ sy'n bodloni $\tan \frac{\theta}{2} = \sqrt{3}$, gan roi eich atebion yn nhermau π. [3]

Ateb

① (a) $2 \sin \theta = 1$

$\sin \theta = \frac{1}{2}$

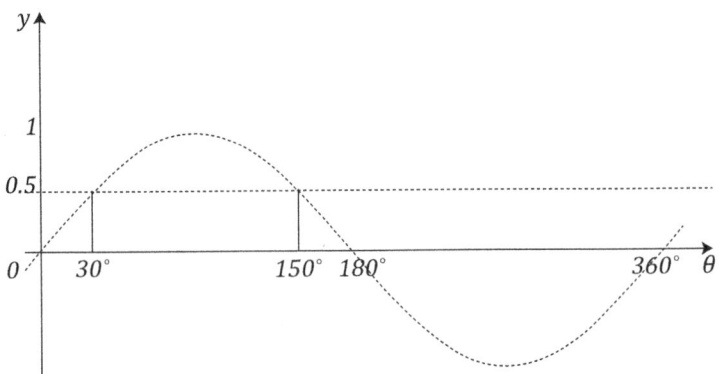

$\theta = \sin^{-1}\left(\frac{1}{2}\right)$

$\theta = 30°$

$\theta = 180 - 30 = 150°$

Trwy hyn, $\theta = 30°$ neu $150°$.

(b) $\tan \frac{\theta}{2} = \sqrt{3}$

$\frac{\theta}{2} = \tan^{-1} \sqrt{3}$

Dewis arall fyddai defnyddio'r dull CAST i ddarganfod y datrysiadau i $\frac{\theta}{2} = \tan^{-1} \sqrt{3}$.

Gan ddefnyddio'r diagram CAST, mae tan yn bositif yn y pedrant cyntaf a'r trydydd pedrant sy'n rhoi'r gwerthoedd $\frac{\theta}{2} = \frac{\pi}{3}$ neu $\pi + \frac{\pi}{3} = \frac{4\pi}{3}$.

Rhaid i chi gofio gweithio mewn radianau gan fod gofyn rhoi'r atebion yn nhermau π.

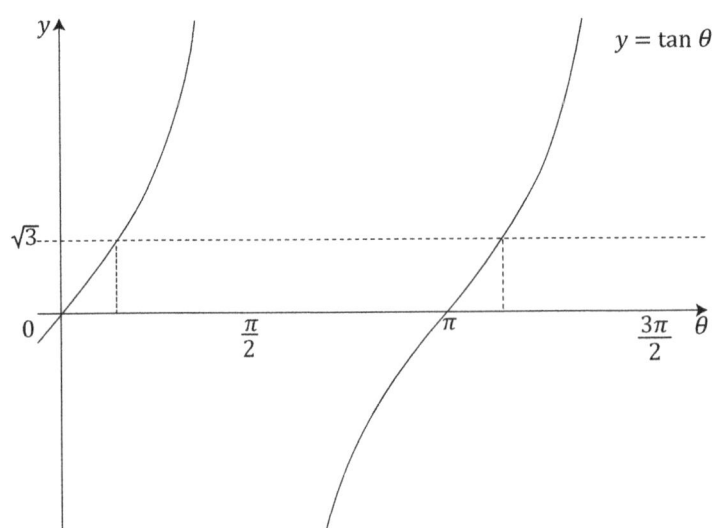

$$\frac{\theta}{2} = \tan^{-1}\sqrt{3}$$

> Tan $\frac{\pi}{3} = \sqrt{3}$. Dylech chi wybod y canlyniad hwn.
> Cofiwch fod $\frac{\pi}{3} = 60°$.

Gan fod gofyn am werthoedd θ yn yr amrediad

$0 \le \theta \le 2\pi$, yna bydd $\frac{\theta}{2}$ yn yr amrediad 0 i π, ac felly nid oes angen ystyried gwerthoedd sy'n fwy na π.

Trwy hyn, $\frac{\theta}{2} = \frac{\pi}{3}$.

$\theta = \frac{2\pi}{3}$ radian

②

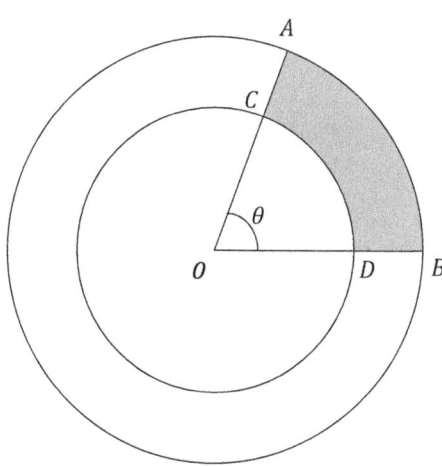

Mae'r diagram yn dangos dau gylch cydganol (*concentric*) â chanol cyffredin O. Radiws y cylch mwyaf yw R cm a radiws y cylch lleiaf yw r cm. Mae'r pwyntiau A a B ar y cylch mwyaf ac maent fel bod $A\hat{O}B = \theta$ radian. Mae'r cylch lleiaf yn torri OA ac OB yn y pwyntiau C a D yn ôl eu trefn. Mae hyd arc AB yn L cm **yn fwy** na hyd arc CD. Arwynebedd y rhanbarth sydd wedi'i dywyllu yw K cm^2.

(a) (i) Ysgrifennwch fynegiad ar gyfer L yn nhermau R, r a θ.

    (ii) Ysgrifennwch fynegiad ar gyfer K yn nhermau R, r a θ.   [2]

(b) Defnyddiwch eich canlyniadau i ran (a) i ddarganfod mynegiad ar gyfer r yn nhermau R, K ac L.   [3]

(CBAC C2 Mai 2010 Cw10)

Ateb

② (a) (i)   Arc AB − Arc $CD = L$

          $R\theta - r\theta = L$

          Trwy hyn, $L = \theta(R - r)$.

> Cofiwch fod hyd arc = $r\theta$. Yma, r yw radiws y cylch a θ yw'r ongl yn y canol wedi'i mesur mewn radianau. Mae angen cofio'r fformiwla hon.

(ii) Arwynebedd wedi'i dywyllu = Arwynebedd sector OAB − Arwynebedd sector OCD

$$K = \frac{1}{2}R^2\theta - \frac{1}{2}r^2\theta$$

$$K = \frac{1}{2}\theta(R^2 - r^2)$$

> $R^2 - r^2$ yw'r gwahaniaeth rhwng dau sgwâr ac felly gallwn ni ffactorio hyn.

(b) $K = \frac{1}{2}\theta(R^2 - r^2) = \frac{1}{2}\theta(R - r)(R + r)$

Nawr $L = \theta(R - r)$.

Mae ad-drefnu yn rhoi $\theta = \dfrac{L}{R - r}$.

Mae amnewid hyn i mewn i'r hafaliad ar gyfer K yn rhoi:

$$K = \frac{1}{2}\frac{L}{(R - r)}(R - r)(R + r)$$

Mae canslo $(R - r)$ yn y rhan uchaf a'r rhan isaf yn rhoi:

> Pan fyddwn ni'n canslo $(R - r)$ mae hyn yn ddilys oherwydd $R - r \neq 0$ neu $R \neq r$, oherwydd fel arall ni fyddai dim rhanbarth wedi'i dywyllu.

$$K = \frac{1}{2}L(R + r)$$

$$\frac{2K}{L} = R + r$$

Mae hyn yn rhoi $r = \dfrac{2K}{L} - R$.

Profi eich hun

Atebwch y cwestiynau canlynol a gwiriwch eich atebion cyn symud ymlaen i'r testun nesaf.

① Mae'r diagram yn dangos y triongl ABC gydag $AB = 8$ cm, $AC = 12$ cm a $B\hat{A}C = 150°$.

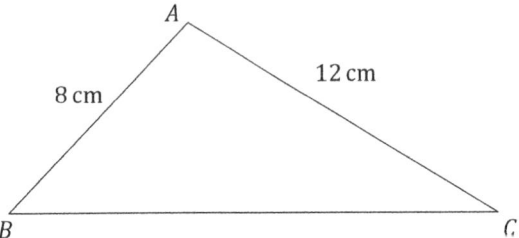

(a) Darganfyddwch arwynebedd y triongl ABC.

(b) Darganfyddwch hyd BC yn gywir i 1 lle degol.

② Mae'r graff yn dangos y gromlin $y = \sin x$ yn y cyfwng $0 \leq x \leq 4\pi$.

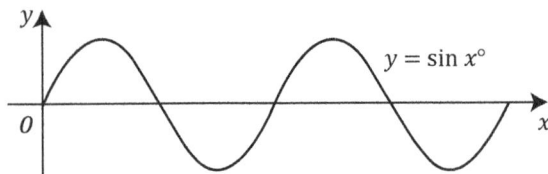

(a) Ysgrifennwch gyfesurynnau'r holl groestorfannau â'r echelin-x.

(b) Ysgrifennwch gyfesurynnau'r holl bwyntiau arhosol ar gyfer y graff hwn.

③ Mae'r triongl ABC fel bod $AB = 4$ cm, $BC = \left(3\sqrt{2} - 1\right)$ cm a $B\hat{A}C = 30°$.

Darganfyddwch fynegiad ar gyfer $\sin A\hat{C}B$ yn y ffurf $\dfrac{2 + m\sqrt{2}}{n}$, lle mae m, n yn gyfanrifau y mae'n rhaid darganfod eu gwerthoedd.

④ Darganfyddwch holl werthoedd θ yn yr amrediad $0° \leq \theta \leq 360°$ sy'n bodloni

$$3 \sin^2 \theta = 5 - 5 \cos \theta$$

(Sylwch: mae'r atebion i'r cwestiynau 'Profi eich hun' yng nghefn y llyfr.)

1 (a) Darganfyddwch holl werthoedd θ rhwng $0°$ a $360°$ sy'n bodloni $7\sin^2\theta + 1 = 3\cos^2\theta - \sin\theta$.
[6]

(b) Darganfyddwch holl werthoedd x rhwng $0°$ ac $180°$ sy'n bodloni $\cos(2x + 25°) = -0.454$. [3]

(CBAC C2 Ionawr 2011 Cw2)

Ateb

1 (a) $7\sin^2\theta + 1 = 3\cos^2\theta - \sin\theta$

$7\sin^2\theta + 1 = 3(1 - \sin^2\theta) - \sin\theta$

$7\sin^2\theta + 1 = 3 - 3\sin^2\theta - \sin\theta$

$10\sin^2\theta + \sin\theta - 2 = 0$

$(5\sin\theta - 2)(2\sin\theta + 1) = 0$

$\sin\theta = \dfrac{2}{5}$ neu $\sin\theta = -\dfrac{1}{2}$

Pan fo $\sin\theta = \dfrac{2}{5}$, $\theta = 23.6°, 156.4°$.

Pan fo $\sin\theta = -\dfrac{1}{2}$, $\theta = 210°, 330°$.

Trwy hyn, $\theta = 23.6°, 156.4°, 210°$ neu $330°$.

(b) $\cos(2x + 25°) = -0.454$

$2x + 25° = 117°, 243°$

$2x = 92°, 218°$

$x = 46°, 109°$

Gwerthoedd posibl x yw $46°$ ac $109°$.

> Er y gallem ni ysgrifennu pob un o'r termau yn $\sin^2\theta$ neu $\cos^2\theta$ yn nhermau'r llall gan ddefnyddio $\sin^2\theta + \cos^2\theta = 1$, nid yw hyn mor syml ar gyfer y term yn $\sin\theta$. Gan fod yna derm yn $\sin\theta$, rydym ni'n ysgrifennu'r hafaliad yn nhermau $\sin\theta$ yn unig.

> Gan ddefnyddio'r dull CAST, mae sin yn bositif yn y pedrant cyntaf a'r ail bedrant, felly $\theta = 23.6°$ neu $180° - 23.6° = 156.4°$. Dewis arall fyddai lluniadu graff sin i helpu i gyfrifo'r gwerthoedd.

> Pan fo $\sin\theta = -\dfrac{1}{2}$, mae sin yn negatif yn y trydydd pedrant a'r pedwerydd pedrant, felly $\theta = 180° + 30°$ neu $360° - 30°$, $\theta = 210°$ neu $330°$.

> Gan fod cwestiwn yn gofyn am yr holl ddatrysiadau rhwng $0°$ ac $180°$, a bod yr ongl dan sylw yn y cwestiwn yn $2x$, yna mae angen ystyried gwerthoedd $2x$ rhwng $0°$ a $360°$ yn unig.

2

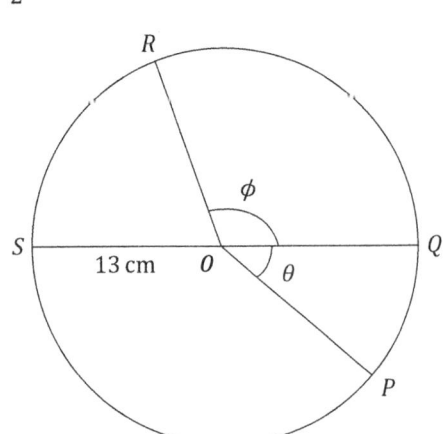

Mae'r diagram yn dangos pedwar pwynt P, Q, R ac S ar gylch â chanol O a radiws 13 cm. Mae'r llinell QS yn ddiamedr i'r cylch, mae $P\hat{O}Q = \theta$ radian ac mae $Q\hat{O}R = \phi$ radian.

(a) Arwynebedd y sector POQ yw 60 cm^2.

Darganfyddwch werth θ, gan roi eich ateb yn gywir i ddau le degol. [2]

(b) Mae hyd yr arc QR 7 cm yn fwy na hyd yr arc RS.

Darganfyddwch werth ϕ, gan roi eich ateb yn gywir i ddau le degol. [3]

(CBAC C2 Mai 2009 Cw9)

Ateb

2 (a) Arwynebedd sector $POQ = \dfrac{1}{2}r^2\theta$

$60 = \dfrac{1}{2} \times 13^2 \theta$

$60 = \dfrac{1}{2} \times 169\theta$

$\theta = \dfrac{120}{169} = 0.71$ radian (i 2 le degol)

(b) Hyd arc $QR = 13\phi$

Hyd arc $RS = r(\pi - \phi) = 13(\pi - \phi)$

$QR - RS = 7$

$13\phi - 13(\pi - \phi) = 7$

$13\phi - 40.841 + 13\phi = 7$

$26\phi = 47.841$

$\phi = \dfrac{47.841}{26} = 1.84$ radian (i 2 le degol)

> Cofiwch fod yn rhaid i'r onglau fod mewn radianau. Gofalwch eich bod yn defnyddio π radian yma yn hytrach nag 180°.

Testun 5 — Integru

Mae'r testun hwn yn ymdrin â'r canlynol:

- Integru amhendant fel y broses wrthdro i ddifferu
- Integru x^n ($n \neq -1$)
- Brasamcan ar gyfer arwynebedd y rhanbarth o dan gromlin gan ddefnyddio rheol y trapesiwm
- Dehongli'r integryn pendant fel arwynebedd y rhanbarth o dan gromlin
- Enrhifo integrynnau pendant

Integru amhendant fel y broses wrthdro i ddifferu

Integru yw gwrthdro differu.

Er enghraifft: os yw $y = x^2 + 3x + 5$, yna $\dfrac{dy}{dx} = 2x + 3$, felly $\int 2x + 3 \, dx = x^2 + 3x + c$. Sylwch pam mae angen cysonyn integru sy'n cael ei alw'n c. Pan fyddwn ni'n differu bydd unrhyw gysonion yn diflannu, ac felly pan fyddwn ni'n integru mae'n amhosibl gwybod beth ddylai gwerth y cysonyn fod. Felly rydym ni'n ychwanegu cysonyn c. Yn ddiweddarach cewch weld sut y gallwn ni ddarganfod gwerth y cysonyn hwn mewn rhai amgylchiadau.

Felly i integru x^n rydym ni'n cynyddu'r indecs gan 1 ac yna'n rhannu â'r indecs newydd. Mae'n bwysig nodi bod hyn yn gweithio ar gyfer holl werthoedd n ar yr amod bod $n \neq -1$. Ar gyfer integru amhendant rhaid cofio cynnwys cysonyn integru, sy'n cael ei alw'n c.

Gallwn ni fynegi hyn yn y ffordd ganlynol:

$$\int x^n dx = \frac{x^{n+1}}{n+1} + c \text{ (ar yr amod bod } n \neq -1)$$

Byddwch chi'n gweld sut mae hyn yn gweithio trwy edrych ar yr enghreifftiau canlynol:

1 $\int x^3 dx = \dfrac{x^4}{4} + c$

2 $\int 2x \, dx = \dfrac{2x^2}{2} + c = x^2 + c$

3 $\int 4 dx = 4x + c$

Rydym ni'n integru'r mynegiad canlynol fel hyn:

$$\int \left(x^3 + 4x^2 - x + 2 \right) dx = \frac{x^4}{4} + \frac{4x^3}{3} - \frac{x^2}{2} + 2x + c$$

> Rydym ni'n galw hyn yn integryn amhendant oherwydd nad yw'r canlyniad yn bendant a rhaid cofio ychwanegu cysonyn integru c.

Rydym ni'n gallu integru pwerau ffracsiynol yn y ffordd ganlynol:

$$\int \left(x^{\frac{1}{2}} + x^{\frac{1}{3}} \right) dx = \frac{x^{\frac{3}{2}}}{\frac{3}{2}} + \frac{x^{\frac{4}{3}}}{\frac{4}{3}} + c = \frac{2}{3} x^{\frac{3}{2}} + \frac{3}{4} x^{\frac{4}{3}} + c$$

> Cofiwch: pan fyddwch chi'n rhannu â ffracsiwn rhaid gwrthdroi'r ffracsiwn ac yna lluosi i roi'r ateb.

Os oes integryn sydd ag israddau neu gilyddion, rhaid eu newid nhw'n indecsau cyn integru, fel y gwelwch chi yn yr enghraifft ganlynol:

$$\int \left(\sqrt{x} + \frac{1}{x^2} \right) dx = \int \left(x^{\frac{1}{2}} + x^{-2} \right) dx = \frac{x^{\frac{3}{2}}}{\frac{3}{2}} + \frac{x^{-1}}{-1} + c = \frac{2}{3} x^{\frac{3}{2}} - x^{-1} + c$$

> Mae llawer o drawsnewid yn indecsau ac yn ôl eto yn y testun hwn. Os ydych chi'n ansicr ynghylch indecsau, edrychwch ar Destun 1 eto.

Enghraifft

① Darganfyddwch $\int \left(x^3 + 3x^2 - 2x + 1 \right) dx$.

Ateb

① $\int \left(x^3 + 3x^2 - 2x + 1 \right) dx$

$= \dfrac{x^4}{4} + \dfrac{3x^3}{3} - \dfrac{2x^2}{2} + x + c$

$= \dfrac{x^4}{4} + x^3 - x^2 + x + c$

Gwella gradd

Mae myfyrwyr yn aml yn colli marciau oherwydd eu bod yn differu yn hytrach nag yn integru. Ffordd arall maen nhw'n colli marciau yw anghofio cynnwys cysonyn integru.

Enghraifft

② Darganfyddwch $\int \left(3x^2 + \dfrac{1}{x^2} + \sqrt{x} \right) dx$.

Ateb

② $\int \left(3x^2 + \dfrac{1}{x^2} + \sqrt{x} \right) dx$

$= \int \left(3x^2 + x^{-2} + x^{\frac{1}{2}} \right) dx$

$= \dfrac{3x^3}{3} + \dfrac{x^{-1}}{(-1)} + \dfrac{x^{\frac{3}{2}}}{\left(\dfrac{3}{2} \right)} + c$

$= x^3 - x^{-1} + \dfrac{2}{3} x^{\frac{3}{2}} + c$

> Sylwch ar y cilydd a'r isradd yn yr integryn hwn. Rhaid newid y ddau i fod ar ffurf indecs er mwyn gallu eu hintegru.

> Cymerwch ofal gyda'r arwyddion pan fyddwch chi'n ymdrin ag indecsau negatif.

> Sylwch: pan fyddwch chi'n rhannu â ffracsiwn, rydych chi'n gwrthdroi'r ffracsiwn ac yna'n lluosi ag ef. Trwy hyn,
> $$\dfrac{x^{\frac{3}{2}}}{\left(\dfrac{3}{2} \right)} = \dfrac{2}{3} x^{\frac{3}{2}}$$

Enghraifft

③ Darganfyddwch $\int \left(4x^3 - \dfrac{2}{\sqrt{x}} \right) dx$.

Ateb

③ $\int \left(4x^3 - \dfrac{2}{\sqrt{x}} \right) dx$

$\int \left(4x^3 - 2x^{-\frac{1}{2}} \right) dx$

$= \dfrac{4x^4}{4} - \dfrac{2x^{\frac{1}{2}}}{\dfrac{1}{2}} + c$

$= x^4 - 4x^{\frac{1}{2}} + c$

> Sylwch fod $\dfrac{1}{\sqrt{x}} = x^{-\frac{1}{2}}$

> Cofiwch gynnwys c, cysonyn integru.

Enghraifft

④ Darganfyddwch $\int \left(\sqrt[3]{x} - \dfrac{2}{x^2} \right) dx$.

Ateb

④ $\int \left(\sqrt[3]{x} - \dfrac{2}{x^2} \right) dx$

$= \int \left(x^{\frac{1}{3}} - 2x^{-2} \right) dx$

$= \dfrac{x^{\frac{4}{3}}}{\frac{4}{3}} - \dfrac{2x^{-1}}{-1} + c$

$= \dfrac{3}{4} x^{\frac{4}{3}} + 2x^{-1} + c$

> Cymerwch ofal pan fyddwch chi'n cynyddu pŵer negatif gan 1. Gwiriwch fod yr ateb a gewch yn fwy nag o'r blaen.

Brasamcan ar gyfer arwynebedd y rhanbarth o dan gromlin gan ddefnyddio rheol y trapesiwm

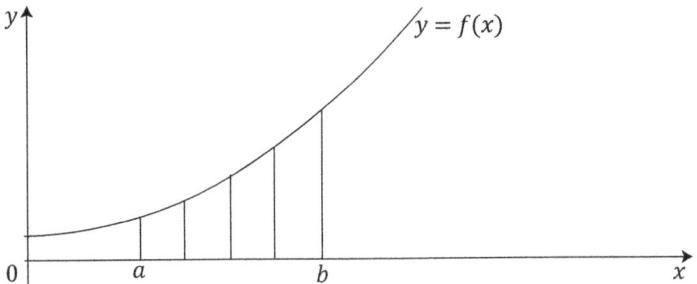

> Mae pob gwerth y yn cael ei alw'n fesuryn. Mae'r mesurynnau'n cyfateb i werthoedd x sy'n rhannu'r rhanbarth yn stribedi fertigol o'r un lled. Mae nifer y stribedi bob amser 1 yn llai na nifer y mesurynnau sy'n cael eu defnyddio.

Edrychwch ar y gromlin uchod. Tybiwch fod angen darganfod arwynebedd y rhanbarth o dan y gromlin rhwng $x = a$ ac $x = b$. Mae'r rhanbarth o dan y gromlin rhwng y ddau bwynt hyn yn cael ei rannu'n stribedi o'r un lled (4 stribed yn yr achos hwn). Rydym ni'n gallu brasamcanu pob stribed yn drapesiwm trwy wneud y dybiaeth mai llinell syth sydd yn rhan uchaf y stribed yn hytrach na chromlin. Trwy gyfrifo arwynebeddau'r trapesiymau i gyd ac yna eu hadio nhw at ei gilydd, rydym ni'n cael arwynebedd bras y rhanbarth o dan y gromlin. Po fwyaf o stribedi y byddwn ni'n eu defnyddio, mwyaf manwl gywir y bydd y brasamcan i'r gwir arwynebedd.

Rydym ni'n gallu darganfod arwynebedd bras y rhanbarth o dan gromlin gan ddefnyddio fformiwla sy'n cael ei galw'n rheol y trapesiwm. Rheol y trapesiwm yw:

$$\int_a^b y \, dx \approx \frac{1}{2} h \left\{ (y_0 + y_n) + 2(y_1 + y_2 + \ldots + y_{n-1}) \right\}, \text{ lle mae } h = \frac{b-a}{n}$$

h yw lled y stribedi sy'n cael eu defnyddio i amcangyfrif yr arwynebedd.

n yw nifer y stribedi sy'n cael eu defnyddio. Mae n bob amser 1 yn llai na nifer y mesurynnau sy'n cael eu defnyddio. Er enghraifft, os caiff 5 mesuryn eu defnyddio i amcangyfrif yr arwynebedd, yna nifer y stribedi a gaiff eu defnyddio, n, fydd 4.

y_0 yw'r mesuryn cyntaf ac y_n yw'r mesuryn olaf.

$y_1, y_2, \ldots, y_{n-1}$ yw'r mesurynnau eraill rhwng y cyntaf a'r olaf.

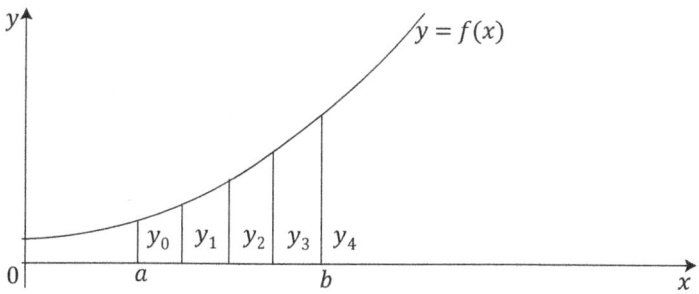

Goramcangyfrif a thanamcangyfrif arwynebeddau gan ddefnyddio rheol y trapesiwm

Bydd rheol y trapesiwm yn goramcangyfrif yr arwynebedd os yw rhan uchaf y trapesiymau yn uwch na'r gromlin, a bydd yn tanamcangyfrif yr arwynebedd os yw rhan uchaf y trapesiymau yn is na'r gromlin.

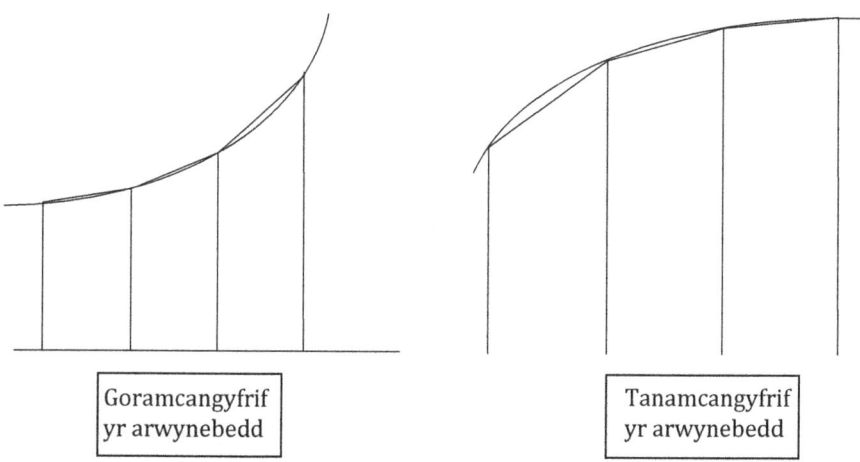

Goramcangyfrif yr arwynebedd

Tanamcangyfrif yr arwynebedd

Cynyddu manwl gywirdeb amcangyfrif yr arwynebedd gan ddefnyddio rheol y trapesiwm

Rydym ni'n gallu cynyddu manwl gywirdeb yr amcangyfrif ar gyfer yr arwynebedd a gawn gan ddefnyddio rheol y trapesiwm trwy gynyddu nifer y mesurynnau neu stribedi a ddefnyddiwn.

Rydym ni'n defnyddio'r enghreifftiau canlynol i egluro defnyddio rheol y trapesiwm.

Enghraifft

① Defnyddiwch reol y trapesiwm gyda phum mesuryn i ddarganfod bras werth ar gyfer yr integryn

$$\int_0^1 \sqrt{\frac{1}{1+x^2}}\, dx$$

Dangoswch eich gwaith cyfrifo a rhowch eich ateb yn gywir i 3 lle degol.

Ateb

① $h = \dfrac{b-a}{n} = \dfrac{1-0}{4} = 0.25$

$\displaystyle\int_0^1 \sqrt{\dfrac{1}{1+x^2}}\, dx \approx \dfrac{1}{2}h\left\{(y_0+y_4)+2(y_1+y_2+y_3)\right\}$

Pan fo $x=0, y_0 = \sqrt{\dfrac{1}{1+(0)^2}} = 1$

$x=0.25, y_1 = \sqrt{1+\dfrac{1}{(0.25)^2}} = 4.12311$

$x=0.5, y_2 = \sqrt{1+\dfrac{1}{(0.5)^2}} = 2.23607$

$x=0.75, y_3 = \sqrt{1+\dfrac{1}{(0.75)^2}} = 2.77778$

$x=1, y_4 = \sqrt{1+\dfrac{1}{(1)^2}} = 1.41421$

$\displaystyle\int_0^1 \sqrt{\dfrac{1}{1+x^2}}\, dx \approx \dfrac{1}{2} \times 0.25\left\{(1+1.41421)+2(4.12311+2.23607+2.77778)\right\}$

≈ 2.58602

≈ 2.586 (i 3 lle degol)

> Mae h yn rhoi lled y stribedi. b yw terfan uchaf yr integryn ac a yw'r terfan isaf. Mae n, sef nifer y stribedi sy'n cael eu defnyddio, 1 yn llai na nifer y mesurynnau.

> Mae'r fformiwla hon, a hefyd y fformiwla ar gyfer h, yn y llyfryn fformiwlâu.

> Gan ddechrau o'r terfan isaf (h.y. gwerth a) a gweithio mewn camau o h (h.y. 0.25 yma), rydym ni'n amnewid gwerthoedd x i mewn i'r mynegiad y tu mewn i'r integryn. Mae hyn yn rhoi'r mesurynnau y_0, y_1 ac yn y blaen, ac yna rydym ni'n gallu rhoi'r rhain i mewn i'r fformiwla ar gyfer rheol y trapesiwm.

> Sylwch fod y cwestiwn yn gofyn am roi'r ateb yn gywir i 3 lle degol. Rhaid rhoi'r gwaith cyfrifo i fwy o leoedd degol ac yna rhoi'r ateb terfynol i 3 lle degol.

Enghraifft

② Defnyddiwch reol y trapesiwm gyda phum mesuryn i ddarganfod bras werth ar gyfer yr integryn $\displaystyle\int_1^2 \sqrt{4+x^3}\, dx$.

Dangoswch eich gwaith cyfrifo a rhowch eich ateb yn gywir i dri lle degol. [4]

(CBAC C2 Ionawr 2011 Cw1)

Ateb

② $h = \dfrac{b-a}{n} = \dfrac{2-1}{4} = 0.25$

Mae hyn yn golygu ein bod yn dechrau o werth a (h.y. 1 yn yr achos hwn) ac yn mynd i fyny mewn camau o h (0.25 yma) hyd nes cyrraedd gwerth b (2 yn yr achos hwn). Dyma'r gwerthoedd x sy'n cael eu tablu orau yn y ffordd ganlynol:

Pan fo $x=1, y_0 = \sqrt{4+1^3} = \sqrt{5} = 2.23607$

$x=1.25, y_1 = \sqrt{4+1.25^3} = 2.43990$

$x=1.50, y_2 = \sqrt{4+1.50^3} = 2.71570$

$x=1.75, y_3 = \sqrt{4+1.75^3} = 1.66667$

$x=2, y_4 = \sqrt{4+2^3} = 3.46410$

$\displaystyle\int_a^b y\, dx \approx \dfrac{1}{2}h\left\{(y_0+y_n)+2(y_1+y_2+...+y_{n-1})\right\}$

$\displaystyle\int_1^2 \sqrt{4+x^3}\, dx$

> Mae'n bwysig nodi mai nifer y stribedi yw n, nid nifer y mesurynnau. Yma mae 5 mesuryn ac felly bydd 4 stribed. Felly $n=4$.

> Dylech chi bob tro weithio i o leiaf 1 lle degol y tu hwnt i'r hyn sy'n ofynnol ar gyfer yr ateb.

> Mae'r fformiwla ar gyfer rheol y trapesiwm yn y llyfryn fformiwlâu. Does dim rhaid i chi ei chofio.

$$\approx \frac{1}{2} \times 0.25 \{(2.23607 + 3.46410) + 2(2.43990 + 2.71570 + 1.66667)\}$$

$$\approx 2.30824$$

$$\approx 2.308 \text{ (i 3 lle degol)}$$

Gwella gradd

Cofiwch roi eich ateb i'r nifer gofynnol o leoedd degol neu ffigurau ystyrlon sy'n cael ei nodi yn y cwestiwn.

Dehongli'r integryn pendant fel arwynebedd y rhanbarth o dan gromlin

Mae integrynnau yn y ffurf $\int_a^b y \, dx$ yn cael eu galw yn integrynnau pendant oherwydd bydd y canlyniad yn ateb pendant, fel arfer rhif, heb gysonyn integru.

Rydym ni'n darganfod yr integryn pendant trwy amnewid y terfannau i mewn i ganlyniad yr integru, a thynnu'r gwerth sy'n cyfateb i'r terfan isaf o'r gwerth sy'n cyfateb i'r terfan uchaf.

Mae integrynnau pendant yn cynrychioli arwynebedd y rhanbarth o dan y gromlin $y = f(x)$ rhwng y ddau werth x, sef $x = a$ ac $x = b$.

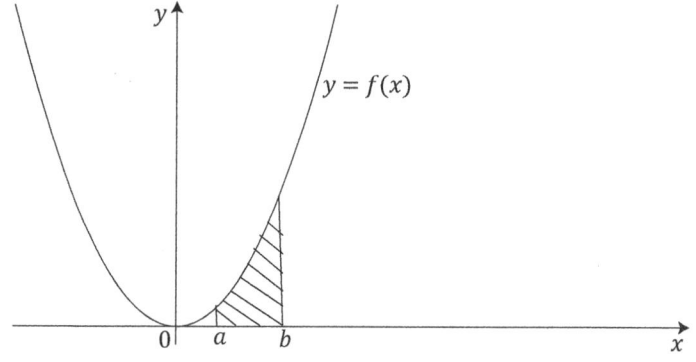

Mae integryn pendant yn bositif ar gyfer arwynebedd rhanbarthau sy'n uwch na'r echelin-x ac yn negatif ar gyfer arwynebedd rhanbarthau sy'n is na'r echelin-x. Rhaid rhoi arwynebedd terfynol fel gwerth positif bob tro.

Enrhifo integrynnau pendant

Mae gan integrynnau pendant werth rhifiadol sy'n cael ei ddarganfod pan fyddwn ni'n amnewid y ddwy derfan am x i mewn i ganlyniad yr integru. Mae'r enghreifftiau canlynol yn dangos hyn.

Enghraifft

① Darganfyddwch $\int_1^2 (3x^2 - x + 4) \, dx$.

Ateb

① $\int_1^2 (3x^2 - x + 4) \, dx$

$$= \left[\frac{3x^3}{3} - \frac{x^2}{2} + 4x \right]_1^2$$

Ar ôl i chi integru, rhowch gromfachau sgwâr o amgylch y canlyniad ac ysgrifennwch y terfannau fel sy'n cael ei ddangos yma.

$$= \left[x^3 - \frac{x^2}{2} + 4x \right]_1^2$$

$$= \left[\left(2^3 - \frac{2^2}{2} + 4(2) \right) - \left(1^3 - \frac{1^2}{2} + 4(1) \right) \right]$$

$$= \left[(8 - 2 + 8) - \left(1 - \frac{1}{2} + 4 \right) \right]$$

$$= 14 - 4\frac{1}{2} = 9\frac{1}{2} \text{ uned sgwâr}$$

> Rydym ni'n defnyddio dau bâr o gromfachau. Mae'r cyntaf yn cynnwys y terfan uchaf wedi'i hamnewid i mewn am x. Mae'r ail yn cynnwys y terfan isaf wedi'i hamnewid i mewn am x. Rydym ni'n tynnu cynnwys yr ail bâr o gromfachau o gynnwys y pâr cyntaf.

Enghraifft

② (a) Darganfyddwch $\int \left(\frac{2}{\sqrt{x}} - x^3 + \frac{2}{x^2} \right) dx$.

(b)

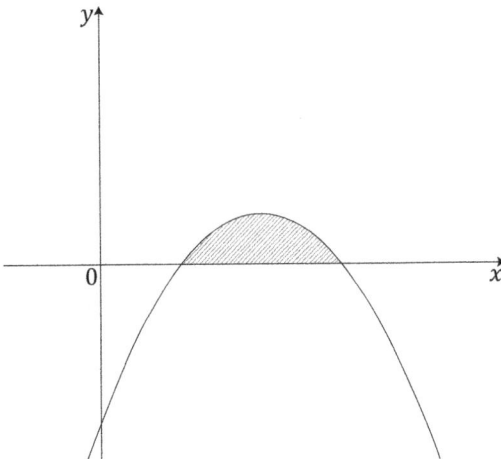

Mae'r diagram yn dangos braslun o'r gromlin $y = (1 - x)(x - 3)$.

(i) Darganfyddwch gyfesurynnau croestorfannau'r gromlin a'r echelin-x.

(ii) Darganfyddwch arwynebedd y rhanbarth sydd wedi'i dywyllu.

Ateb

② (a) $\int \left(\frac{2}{\sqrt{x}} - x^3 + \frac{2}{x^2} \right) dx$

$$\int \left(2x^{-\frac{1}{2}} - x^3 + 2x^{-2} \right) dx$$

> Rydym ni'n newid hyn yn indecsau er mwyn gallu integru'r mynegiad.

$$= \frac{2x^{\frac{1}{2}}}{\frac{1}{2}} - \frac{x^4}{4} + \frac{2x^{-1}}{-1} + c$$

$$= 4x^{\frac{1}{2}} - \frac{x^4}{4} - 2x^{-1} + c$$

> ### ⏶ Gwella gradd
> Mae anghofio cynnwys y cysonyn integru yn colli marciau i fyfyrwyr yn aml.

(b) (i) Pan fo $y = 0$, $(1 - x)(x - 3) = 0$.

   Mae hyn yn rhoi $x = 1$ neu $x = 3$.

   Cyfesurynnau'r croestorfannau â'r echelin-x yw $(1, 0)$ a $(3, 0)$.

> Rydym ni'n rhoi hafaliad y gromlin yn hafal i 0 i ddarganfod y croestorfannau â'r echelin-x.

(ii) Arwynebedd y rhanbarth sydd wedi'i dywyllu $= \int_1^3 y\,dx = \int_1^3 (1 - x)(x - 3)\,dx$

$$= \int_1^3 \left(-3 + 4x - x^2\right)dx$$

$$= \left[-3x + 2x^2 - \frac{x^3}{3}\right]_1^3$$

$$= \left[(-9 + 18 - 9) - \left(-3 + 2 - \frac{1}{3}\right)\right]$$

$$= 0 - \left(-\frac{4}{3}\right)$$

$$= \frac{4}{3} \text{ uned sgwâr}$$

Enghraifft

③ (a) Darganfyddwch $\int \left(5\sqrt{x} - \frac{4}{x^{\frac{2}{3}}}\right)dx$. [2]

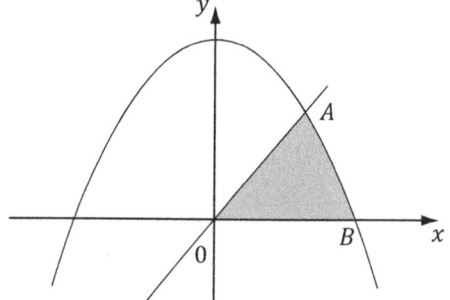

(b) Mae'r diagram yn dangos braslun o'r gromlin $y = 4 - x^2$ a'r llinell $y = 3x$. Mae'r gromlin a'r llinell yn croestorri yn y pwynt A yn y pedrant cyntaf ac mae'r gromlin yn croestorri'r echelin-x bositif yn y pwynt B.

   (i) Gan ddangos eich gwaith cyfrifo, darganfyddwch gyfesurynnau A a chyfesurynnau B.

   (ii) Darganfyddwch arwynebedd y rhanbarth sydd wedi'i dywyllu. [12]

(CBAC C2 Mai 2008 Cw6)

Ateb

③ (a) $\int\left(5\sqrt{x} - \dfrac{4}{x^{\frac{2}{3}}}\right)dx$

$\int\left(5x^{\frac{1}{2}} - 4x^{-\frac{2}{3}}\right)dx$

$= \dfrac{5x^{\frac{3}{2}}}{\frac{3}{2}} - \dfrac{4x^{\frac{1}{3}}}{\frac{1}{3}} + c$

$= \dfrac{2}{3} \times 5x^{\frac{3}{2}} - 3 \times 4x^{\frac{1}{3}} + c$

$= \dfrac{10}{3}x^{\frac{3}{2}} - 12x^{\frac{1}{3}} + c$

> Cofiwch: i integru rydym ni'n cynyddu'r indecs gan 1 ac yna'n rhannu â'r indecs newydd.

> Cofiwch: pan fyddwn ni'n rhannu â ffracsiwn, rydym ni'n gwrthdroi'r ffracsiwn ac yn lluosi â'r ffracsiwn newydd. Felly mae rhannu ag $\frac{1}{3}$ yr un fath â lluosi â 3.

> Gan mai integryn amhendant yw hwn, rhaid cofio cynnwys y cysonyn c.

(b) Mae hafalu'r gwerthoedd y yn rhoi:

$3x = 4 - x^2$

$x^2 + 3x - 4 = 0$

Mae ffactorio'n rhoi $(x - 1)(x + 4) = 0$.

Mae datrys yn rhoi $x = 1$ neu -4.

Ni all y cyfesuryn-x sydd gan A fod yn -4 gan fod A yn y pedrant cyntaf.

Gan fod $y = 3x$, mae amnewid $x = 1$ i mewn i hyn yn rhoi $y = 3(1) = 3$

Trwy hyn, A yw'r pwynt $(1, 3)$.

Ar gyfer cyfesurynnau B, rydym ni'n amnewid $y = 0$ i mewn i'r hafaliad $y = 4 - x^2$.

Felly, $0 = 4 - x^2$

$x^2 = 4$

$x = \pm 2$

O'r cwestiwn, mae gan B werth x positif, felly $x = 2$.

Trwy hyn, cyfesurynnau B yw $(2, 0)$.

> I ddarganfod cyfesurynnau A, rydym ni'n datrys hafaliad y gromlin yn gydamserol â hafaliad y llinell syth.

> Edrychwch ar y diagram bob tro i wirio arwyddocâd y pwyntiau sy'n cael eu darganfod.

> Cofiwch gynnwys ddau werth x yma.

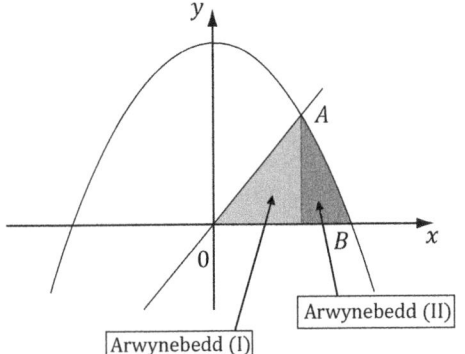

Arwynebedd (I)

Arwynebedd (II)

Arwynebedd (I) = arwynebedd triongl $= \frac{1}{2} \times sail \times uchder$

$= \frac{1}{2} \times 1 \times 3 = \frac{3}{2}$

Arwynebedd (II) o dan y gromlin $= \int_1^2 \left(4 - x^2\right) \mathrm{d}x$

$= \left[\left(4x - \frac{x^3}{3} \right) \right]_1^2$

$= \left(8 - \frac{8}{3} \right) - \left(4 - \frac{1}{3} \right)$

$= 4 - 2\frac{1}{3}$

$= 1\frac{2}{3}$

Arwynebedd cyfan = arwynebedd (I) + arwynebedd (II) $= \frac{3}{2} + 1\frac{2}{3} = 3\frac{1}{6}$ uned sgwâr.

Cwestiynau tebyg i rai arholiad

①

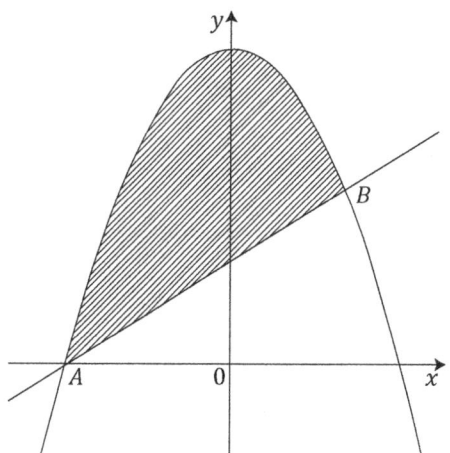

Mae'r diagram yn dangos braslun o'r gromlin $y = 9 - x^2$ a'r llinell $y = x + 3$.

Mae'r llinell a'r gromlin yn croestorri yn y pwyntiau A a B.

(a) Darganfyddwch gyfesurynnau A a B. [4]

(b) Darganfyddwch arwynebedd y rhanbarth sydd wedi'i dywyllu. [7]

Ateb

① (a) Rydym ni'n datrys hafaliadau'r gromlin a'r llinell syth yn gydamserol i ddarganfod cyfesurynnau'r croestorfannau A a B.

Mae hafalu'r gwerthoedd y yn rhoi:

$9 - x^2 = x + 3$

$x^2 + x - 6 = 0$

> Rydym ni'n llunio hafaliad cwadratig, yna'n ffactorio ac yn olaf yn ei ddatrys.

$$(x+3)(x-2) = 0$$

Mae datrys yn rhoi $x = -3$ neu 2.

Rydym ni'n amnewid y ddau werth x i mewn i hafaliad y llinell syth i ddarganfod y cyfesurynnau-y cyfatebol.

Pan fo $x = -3$, $y = (-3) + 3 = 0$.

> O edrych ar y diagram, hwn yw'r pwynt A.

Pan fo $x = 2$, $y = 2 + 3 = 5$.

Trwy edrych ar y graff, A yw $(-3, 0)$ a B yw $(2, 5)$.

(b) Mae arwynebedd y rhanbarth o dan y gromlin rhwng $x = -3$ ac $x = 2$ yn cael ei roi gan:

$$\int_{-3}^{2}\left(9 - x^2\right)\mathrm{d}x$$

$$= \left[\left(9x - \frac{x^3}{3}\right)\right]_{-3}^{2}$$

$$= \left[\left(9(2) - \frac{(2)^3}{3}\right) - \left(9(-3) - \frac{(-3)^3}{3}\right)\right]$$

$$= \left[\left(18 - \frac{8}{3}\right) - (-27 + 9)\right]$$

$$= 33\frac{1}{3}$$

Arwynebedd y triongl o dan y llinell $y = x + 3$ yw $\frac{1}{2} \times 5 \times 5 = 12\frac{1}{2}$.

Trwy hyn, arwynebedd y rhanbarth sydd wedi'i dywyllu $= 33\frac{1}{3} - 12\frac{1}{2} = 20\frac{5}{6}$ uned sgwâr.

Profi eich hun

Atebwch y cwestiynau canlynol a gwiriwch eich atebion.

① Darganfyddwch $\int\left(4x^{\frac{1}{3}} - \frac{2}{\sqrt[3]{x}}\right)\mathrm{d}x$.

② Darganfyddwch $\int\left(\sqrt[3]{x} - \frac{1}{x^4}\right)\mathrm{d}x$.

③ Darganfyddwch $\int\left(\frac{4}{x^3} - 6x^{\frac{1}{5}}\right)\mathrm{d}x$.

④ Darganfyddwch $\int\left(\frac{2}{\sqrt{x}} - x^{\frac{3}{2}}\right)\mathrm{d}x$.

⑤ Darganfyddwch $\int_{0}^{4}\left(x^{-\frac{1}{2}} + 2x\right)\mathrm{d}x$.

⑥ Defnyddiwch reol y trapesiwm gyda phum mesuryn i ddarganfod bras werth ar gyfer yr integryn

$$\int_{0}^{4}\left(\frac{1}{1 + \sqrt{x}}\right)\mathrm{d}x$$

Dangoswch eich gwaith cyfrifo a rhowch eich ateb yn gywir i 3 lle degol.

(Sylwch: mae'r atebion i'r cwestiynau 'Profi eich hun' yng nghefn y llyfr.)

1 (a) Darganfyddwch $\int\left(\dfrac{5}{x^3}-3x^{\frac{1}{4}}\right)\mathrm{d}x$. [2]

   (b)

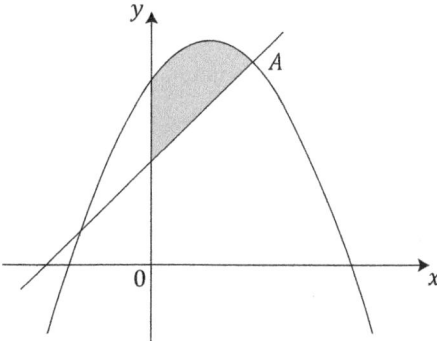

Mae'r diagram yn dangos braslun o'r gromlin $y = 6 + 4x - x^2$ a'r llinell $y = x + 2$. Mae croestorfan y gromlin a'r llinell yn y pedrant cyntaf wedi'i ddynodi gan A.

   (i)   Darganfyddwch gyfesurynnau A.

   (ii) Darganfyddwch arwynebedd y rhanbarth sydd wedi'i dywyllu. [10]

(CBAC C2 Mai 2009 Cw6)

Ateb

1 (a) $\int\left(\dfrac{5}{x^3}-3x^{\frac{1}{4}}\right)\mathrm{d}x$

| Cofiwch newid y cilydd yn bŵer negatif yn y rhan uchaf cyn integru. |

$$= \int\left(5x^{-3}-3x^{\frac{1}{4}}\right)\mathrm{d}x$$

| Gan mai integryn amhendant yw hwn, rhaid cynnwys y cysonyn integru, c, yn yr ateb. |

$$= \frac{5x^{-2}}{-2} - \frac{3x^{\frac{5}{4}}}{\frac{5}{4}} + c$$

$$= -\frac{5}{2}x^{-2} - \frac{12}{5}x^{\frac{5}{4}} + c$$

(b) (i) Mae datrys hafaliadau'r gromlin a'r llinell syth yn gydamserol trwy hafalu'r gwerthoedd y yn rhoi:

$6 + 4x - x^2 = x + 2$

$0 = x^2 - 3x - 4$

$0 = (x + 1)(x - 4)$

Mae hyn yn rhoi $x = -1$ neu $x = 4$.

| Bydd hafalu'r gwerthoedd y yn cynhyrchu hafaliad y gallwn ni ei ddatrys i ddarganfod cyfesurynnau-x dau groestorfan y gromlin â'r llinell syth. |

O'r cwestiwn, mae'r pwynt A yn y pedrant cyntaf.

Trwy hyn, $x = 4$.

Pan fo $x = 4$, $y = 4 + 2 = 6$.

| Mae angen penderfynu pa un o'r cyfesurynnau-x hyn yw cyfesuryn-x y pwynt A. |

Felly A yw'r pwynt $(4, 6)$.

| Cofiwch fod angen y ddau gyfesuryn ar gyfer y pwynt A. |

(ii) Mae arwynebedd y rhanbarth o dan y gromlin rhwng $x = 0$ ac $x = 4$ yn cael ei roi gan:

$$\int_0^4 y\,\mathrm{d}x = \int_0^4 \left(6 + 4x - x^2\right)\mathrm{d}x = \left[6x + 2x^2 - \frac{x^3}{3}\right]_0^4$$

$$= \left[\left(24 + 32 - \frac{64}{3}\right) - (0)\right]$$

$$= 34\frac{2}{3}\ \text{uned sgwâr}$$

Pan fo $x = 4$, $y = 6$.

I ddarganfod gwerth y y pwynt lle mae'r llinell syth yn croestorri'r echelin-y, rydym ni'n amnewid $x = 0$ i mewn i hafaliad y llinell syth:

$y = x + 2 = 0 + 2 = 2$

Arwynebedd y trapesiwm sy'n cael ei ffurfio o dan y llinell syth rhwng $x = 0$ ac $x = 4$

$= \dfrac{1}{2}$ (swm y ddwy ochr baralel) $\times$ (pellter rhwng yr ochrau paralel)

$= \dfrac{1}{2} \times (2 + 6) \times 4 = 16$ uned sgwâr

Arwynebedd y rhanbarth sydd wedi'i dywyllu $= 34\dfrac{2}{3} - 16 = 18\dfrac{2}{3}$ uned sgwâr.

> Cofiwch na fydd ateb ar ei ben ei hun heb ddim gwaith cyfrifo yn ennill unrhyw farciau.

> Dull arall ar gyfer darganfod arwynebedd y trapesiwm (h.y. y rhanbarth o dan y llinell $y = x + 2$) fyddai integru y rhwng y terfannau 0 a 4, h.y.
>
> $$\int_0^4 x + 2\,\mathrm{d}x = \left[\frac{x^2}{2} + 2x\right]_0^4 = \frac{16}{2} + 8 = 16$$

C&A 2

2 (a) Darganfyddwch $\int\left(\dfrac{3}{x^2} - 2\sqrt{x}\right)\mathrm{d}x$. [2]

(b)

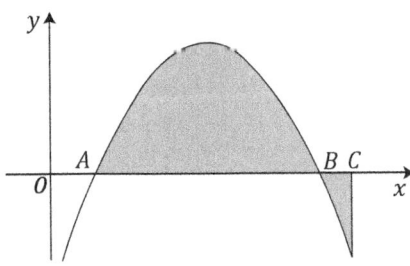

Mae'r diagram yn dangos braslun o'r gromlin $y = 5x - 4 - x^2$.

Mae'r gromlin yn croestorri'r echelin-x yn y pwyntiau A a B. Cyfesurynnau'r pwynt C yw $(5, 0)$.

(i) Darganfyddwch gyfesurynnau-x y pwyntiau A a B. [3]

(ii) Darganfyddwch **gyfanswm** arwynebedd y rhanbarthau sydd wedi'u tywyllu. [7]

(CBAC C2 Ionawr 2009 Cw6)

Ateb

2   (a) $\int\left(\dfrac{3}{x^2}-2\sqrt{x}\right)dx$

$=\int\left(3x^{-2}-2x^{\frac{1}{2}}\right)dx$

$=\dfrac{3x^{-1}}{-1}-\dfrac{2x^{\frac{3}{2}}}{\dfrac{3}{2}}+c$

$=-3x^{-1}-\dfrac{4}{3}x^{\frac{3}{2}}+c$

⟰ Gwella gradd

Rhaid i chi gofio cynnwys cysonyn integru. Byddwch chi'n colli marc os na fyddwch chi'n cynnwys cysonyn integru yn yr ateb ar gyfer integryn amhendant.

(b)   (i)   Ar gyfer cyfesurynnau A a B, mae amnewid $y = 0$ yn rhoi:

$0 = 5x - 4 - x^2$

$x^2 - 5x + 4 = 0$

$(x - 4)(x - 1) = 0$

$x = 1$ neu $x = 4$

Yn y pwynt A, $x = 1$ ac yn y pwynt B, $x = 4$.

(ii)   Arwynebedd y rhanbarth o dan y gromlin rhwng A a $B = \int_{1}^{4}\left(5x - 4 - x^2\right)dx$

$=\left[\dfrac{5x^2}{2} - 4x - \dfrac{x^3}{3}\right]_{1}^{4}$

$=\left[\left(\dfrac{5\times16}{2} - 16 - \dfrac{64}{3}\right) - \left(\dfrac{5\times1}{2} - 4 - \dfrac{1}{3}\right)\right]$

$=\left[\left(2\dfrac{2}{3}\right) + \left(1\dfrac{5}{6}\right)\right]$

$=4\dfrac{1}{2}$ uned sgwâr

Arwynebedd y rhanbarth sy'n uwch na'r gromlin rhwng B ac C

$=-\int_{4}^{5}\left(5x - 4 - x^2\right)dx$

$=-\left[\dfrac{5x^2}{2} - 4x - \dfrac{x^3}{3}\right]_{4}^{5}$

$=-\left[\left(\dfrac{5\times25}{2} - 20 - \dfrac{125}{3}\right) - \left(\dfrac{5\times16}{2} - 16 - \dfrac{64}{3}\right)\right]$

$=-62\dfrac{1}{2} + 20 + \dfrac{125}{3} + 40 - 16 - \dfrac{64}{3}$

$=\dfrac{11}{6}$ uned sgwâr

Arwynebedd cyfan $= 4\dfrac{1}{2} + \dfrac{11}{6} = \dfrac{19}{3} = 6\dfrac{1}{3}$ uned sgwâr.

Bydd defnyddio integru i ddarganfod arwynebedd y rhanbarth rhwng cromlin a'r echelin-x yn rhoi gwerth positif ar gyfer rhanbarthau sy'n uwch na'r echelin-x a gwerth negatif ar gyfer rhanbarthau sy'n is na'r echelin-x. Er mwyn darganfod arwynebedd cyfan y rhanbarthau sydd wedi'u tywyllu, mae angen adio'r arwynebeddau positif at ei gilydd. I sicrhau bod arwynebeddau'n bositif, bydd angen negyddu gwerth integrynnau pendant ar gyfer rhanbarthau sy'n is na'r echelin.

3   Defnyddiwch reol y trapesiwm gyda phum mesuryn i ddarganfod bras werth ar gyfer yr integryn

$\int_1^2 \sqrt{1+\dfrac{1}{x}}\,dx.$

Dangoswch eich gwaith cyfrifo a rhowch eich ateb yn gywir i dri lle degol.   [4]

(CBAC C2 Mai 2010 Cw1)

Ateb

3    $h = \dfrac{b-a}{n} = \dfrac{2-1}{4} = 0.25$

> Ni fydd ateb ar ei ben ei hun heb ddim gwaith cyfrifo yn ennill unrhyw farciau.

$\int_1^2 \sqrt{1+\dfrac{1}{x}}\,dx \approx \dfrac{1}{2}h\left\{(y_0 + y_n) + 2(y_1 + y_2 + \ldots + y_{n-1})\right\}$

Pan fo $x = 1$, $y_0 = \sqrt{1+\dfrac{1}{1}} = \sqrt{2}, = 1.41421$

$x = 1.25$, $y_1 = \sqrt{1+\dfrac{1}{1.25}} = 1.34164$

$x = 1.5$, $y_2 = \sqrt{1+\dfrac{1}{1.5}} = 1.29099$

$x = 1.75$, $y_3 = \sqrt{1+\dfrac{1}{1.75}} = 1.25357$

$x = 2$, $y_n = \sqrt{1+\dfrac{1}{2}} = 1.22474$

Mae amnewid y gwerthoedd hyn i mewn i'r fformiwla yn rhoi:

$\int_1^2 \sqrt{1+\dfrac{1}{x}}\,dx \approx \dfrac{1}{2} \times 0.25\left\{(1.41421 + 1.22474) + 2(1.34164 + 1.29099 + 1.25357)\right\}$

≈ 1.30142

≈ 1.301 (i 3 lle degol)

Crynodeb C2 Mathemateg Bur

1 Dilyniannau, cyfresi rhifyddol a chyfresi geometrig

nfed term dilyniant rhifyddol

nfed term $t_n = a + (n-1)d$

Yma, a yw'r term cyntaf, d yw'r gwahaniaeth cyffredin ac n yw nifer y termau.

Swm cyfres rifyddol i n term

$$S_n = \frac{n}{2}(2a + (n-1)d)$$

nfed term dilyniant geometrig

nfed term $t_n = ar^{n-1}$

Yma, a yw'r term cyntaf, r yw'r gymhareb gyffredin ac n yw nifer y termau.

Swm cyfres geometrig i n term

$$S_n = \frac{a(1-r^n)}{1-r} \text{ ar yr amod bod } r \neq 1$$

Swm i anfeidredd cyfres geometrig

$$S_\infty = \frac{a}{1-r}$$

Sylwch: er mwyn i'r swm i anfeidredd fodoli $|r| < 1$

2 Logarithmau a'u defnyddio

Y logarithm a ffwythiannau esbonyddol

Logarithm rhif positif i fôn a yw'r pŵer mae'n rhaid i'r bôn gael ei godi iddo er mwyn rhoi'r rhif positif.

$y = a^x$

$\log_a y = x$

Mae gan y ddau hafaliad hyn yr un ystyr a dylech chi allu trawsnewid rhyngddynt yn hawdd.

Rhai canlyniadau pwysig

Ar gyfer bôn positif a, mae'r canlynol yn wir:

$\log_a a = 1$, gan fod $a^1 = a$

$\log_a 1 = 0$, gan fod $a^0 = 1$

Tair deddf logarithmau

$\log_a x + \log_a y = \log_a (xy)$

$\log_a x - \log_a y = \log_a \dfrac{x}{y}$

$\log_a x^k = k \log_a x$

3 Geometreg gyfesurynnol y cylch

Y ddwy ffurf ar gyfer hafaliad cylch

Os yw cylch â hafaliad yn y ffurf

$(x - a)^2 + (y - b)^2 = r^2$, y canol yw (a, b) a'r radiws yw r.

Os yw cylch â hafaliad yn y ffurf

$x^2 + y^2 + 2gx + 2fy + c = 0$, y canol yw $(-g, -f)$ a'r radiws yw $\sqrt{g^2 + f^2 - c}$.

Nodweddion cylch

Mae'r ongl mewn hanner cylch yn ongl sgwâr.

Mae'r perpendicwlar o ganol cylch i gord yn haneru'r cord.

Mae radiws i bwynt ar y cylch a'r tangiad trwy'r un pwynt yn berpendicwlar i'w gilydd.

Crynodeb o'r deunydd Craidd 1 sy'n angenrheidiol ar gyfer y testun hwn

Mae graddiant y llinell sy'n cysylltu'r pwyntiau (x_1, y_1) ac (x_2, y_2) yn cael ei roi gan:

Graddiant $= \dfrac{y_2 - y_1}{x_2 - x_1}$

Er mwyn i ddwy linell fod yn baralel i'w gilydd, mae'n rhaid bod ganddynt yr un graddiant.

Pan fo dwy linell yn berpendicwlar i'w gilydd (h.y. maen nhw'n gwneud ongl o 90°), lluoswm eu graddiannau yw -1.

Os yw graddiant un llinell yn m_1 a graddiant y llinell arall yn m_2, yna $m_1 m_2 = -1$.

Mae hafaliad llinell syth sydd â graddiant m ac sy'n mynd trwy bwynt (x_1, y_1) yn cael ei roi gan:

$y - y_1 = m(x - x_1)$

Mae hyd llinell syth sy'n cysylltu'r ddau bwynt (x_1, y_1) ac (x_2, y_2) yn cael ei roi gan:

$\sqrt{(x_2 - x_1)^2 + (y_2 - y_1)^2}$

Mae canolbwynt llinell sy'n cysylltu'r pwyntiau (x_1, y_1) ac (x_2, y_2) yn cael ei roi gan:

$\left(\dfrac{x_1 + x_2}{2}, \dfrac{y_1 + y_2}{2} \right)$

4 Trigonometreg

Rheolau sin a cos a'r fformiwla ar gyfer arwynebedd triongl

Yn ôl rheol sin: $\dfrac{a}{\sin A} = \dfrac{b}{\sin B} = \dfrac{c}{\sin C}$

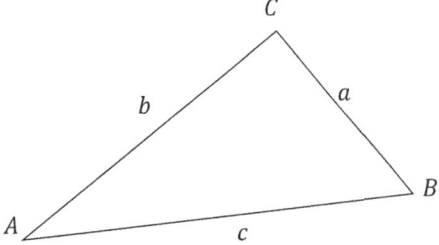

Yn ôl rheol cos: $a^2 = b^2 + c^2 - 2bc \cos A$

Arwynebedd triongl $= \dfrac{1}{2}ab \sin C$

Mesur mewn radianau, hyd arc, arwynebedd sector ac arwynebedd segment

π radian $= 180°$ 2π radian $= 360°$

$\dfrac{\pi}{2}$ radian $= 90°$ $\dfrac{\pi}{4}$ radian $= 45°$

$\dfrac{\pi}{3}$ radian $= 60°$ $\dfrac{\pi}{6}$ radian $= 30°$

Hyd arc sy'n gwneud ongl o θ radian yn y canol $l = r\theta$

Arwynebedd sector sy'n gwneud ongl o θ radian yn y canol $= \dfrac{1}{2}r^2\theta$

Arwynebedd segment $= \dfrac{1}{2}r^2(\theta - \sin\theta)$

Perthnasoedd trigonometrig

$\tan\theta = \dfrac{\sin\theta}{\cos\theta}$

$\cos^2\theta + \sin^2\theta = 1$

5 Integru

Integru amhendant yw'r broses wrthdro i ddifferu. Pan fyddwch chi'n integru'n amhendant rhaid cofio cynnwys cysonyn integru.

$\int x^n \mathrm{d}x = \dfrac{x^{n+1}}{n+1} + c$ (ar yr amod bod $n \neq -1$)

Mae integryn pendant yn bositif ar gyfer arwynebedd rhanbarthau sy'n uwch na'r echelin-x ac yn negatif ar gyfer arwynebedd rhanbarthau sy'n is na'r echelin-x.

Rhaid rhoi arwynebedd terfynol fel gwerth positif bob tro.

Gallwn ni ddefnyddio rheol y trapesiwm ar gyfer amcangyfrif arwynebeddau.

$\int_a^b y\,\mathrm{d}x \approx \dfrac{1}{2}h\left\{(y_0 + y_n) + 2(y_1 + y_2 + \ldots + y_{n-1})\right\}$, lle mae $h = \dfrac{b-a}{n}$

Atebion Profi eich hun

Craidd 1 Mathemateg Bur 1

1 Indecsau a syrdiau

① $y = 5x^{\frac{1}{2}} + 45x^{-1} - 7$

② (a) 1

(b) $\dfrac{1}{9}$

(c) 2

(ch) $\dfrac{1}{5}$

(d) 64

③ (a) $\sqrt{48} + \dfrac{12}{\sqrt{3}} - \sqrt{27} = 4\sqrt{3} + \dfrac{12\sqrt{3}}{\sqrt{3}\sqrt{3}} - 3\sqrt{3} = 4\sqrt{3} + 4\sqrt{3} - 3\sqrt{3} = 5\sqrt{3}$

(b) $\dfrac{2 + \sqrt{5}}{3 + \sqrt{5}} = \dfrac{\left(2 + \sqrt{5}\right)\left(3 - \sqrt{5}\right)}{\left(3 + \sqrt{5}\right)\left(3 - \sqrt{5}\right)} = \dfrac{6 + \sqrt{5} - 5}{9 - 5} = \dfrac{1 + \sqrt{5}}{4}$

2 Ffwythiannau cwadratig, hafaliadau, graffiau a'u trawsffurfiadau

① Gan mai cwestiwn am natur gwreiddiau yw hwn, rydym ni'n gyntaf yn darganfod y gwahanolyn

$b^2 - 4ac = (5)^2 - 4(k)(-7) = 25 + 28k$

Ar gyfer dim gwreiddiau real, $b^2 - 4ac < 0$

Trwy hyn, $25 + 28k < 0$

Felly, $28k < -25$, sy'n rhoi $k < -\dfrac{25}{28}$

② $x^2 - 6x + 8 > 0$

$(x - 4)(x - 2) > 0$

Gan mai cyfernod positif o x^2 sydd gan y gromlin $y = x^2 - 6x + 8$, bydd y gromlin ar siâp $\cup$ a bydd yn croestorri'r echelin-x yn $x = 4$ ac $x = 2$.

Mae braslunio'r gromlin ar gyfer $y = x^2 - 6x + 8$ yn rhoi'r canlynol:

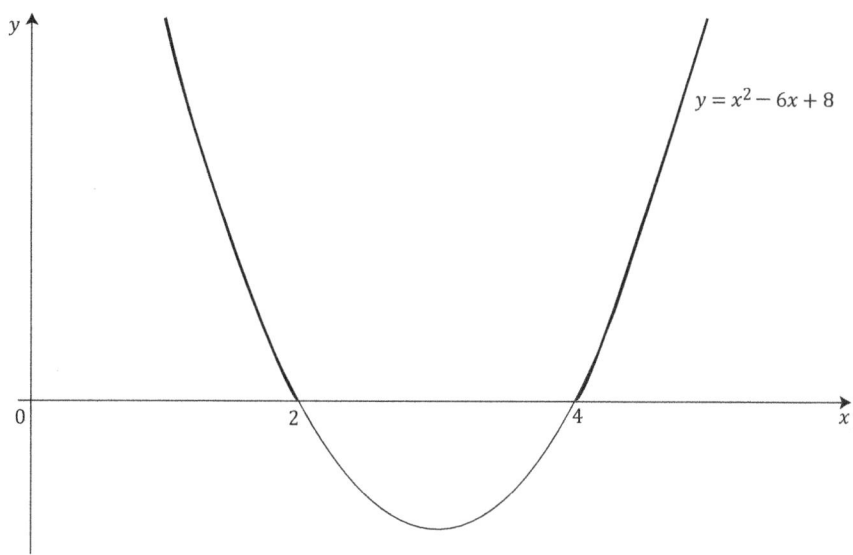

Rydym ni eisiau'r rhan o'r graff sy'n uwch na'r echelin-x.

Yr amrediad o werthoedd lle mae hyn yn digwydd yw $x < 2$ neu $x > 4$.

③ $5x^2 - 20x + 10$

$= 5[x^2 - 4x + 2]$

$= 5[(x - 2)^2 - 4 + 2]$

$= 5(x - 2)^2 - 10$

Mae hyn yn rhoi $a = 5$, $b = -2$ ac $c = -10$.

> Cofiwch fod angen i gyfernod x^2 fod yn 1 cyn y gallwn ni gwblhau'r sgwâr. Yma mae angen tynnu 5 allan o'r cromfachau sgwâr fel ffactor.

④ $1 - 3x < x + 7$

$-3x < x + 6$

$-4x < 6$

$x > -\dfrac{6}{4}$

$x > -\dfrac{3}{2}$

> Rydym ni'n cildroi arwydd yr anhafaledd oherwydd ein bod wedi rhannu'r ddwy ochr â maint negatif (h.y. -4).

 Gwella gradd

Os na fyddwch chi'n canslo ffracsiynau efallai y byddwch chi'n colli marciau.

⑤ $y = x + 4$ ac $y = x^2 - 7x + 20$

$x + 4 = x^2 - 7x + 20$

$x^2 - 8x + 16 = 0$

$(x - 4)(x - 4) = 0$

$(x - 4)^2 = 0$

> Os yw'r llinell a'r gromlin yn cyffwrdd, yna bydd gan yr hafaliad sy'n ganlyniad i hyn wreiddyn sy'n cael ei ailadrodd.

Mae un datrysiad i'r hafaliad hwn sy'n cael ei ailadrodd ac mae hyn yn profi bod y llinell syth a'r gromlin yn cyffwrdd.

Mae datrys yn rhoi $x = 4$.

Rydym ni'n amnewid $x = 4$ i mewn i hafaliad y llinell syth

$y = 4 + 4 = 8$

Trwy hyn, cyfesurynnau'r pwynt cyffwrdd yw $(4, 8)$.

> Dim ond un datrysiad sydd i'r cwadratig, sy'n golygu bod y llinell syth a'r gromlin yn cyffwrdd mewn un pwynt yn unig.

Dull arall ar gyfer profi bod y gromlin a'r llinell syth yn cyffwrdd mewn un pwynt yw darganfod y gwahanolyn a dangos ei fod yn hafal i sero.

Er enghraifft, mae gan yr hafaliad $x^2 - 8x + 16 = 0$ y gwahanolyn $b^2 - 4ac = (-8)^2 - 4(1)(16) = 64 - 64 = 0$. Mae hyn yn dangos bod dau wreiddyn real hafal sy'n dangos bod y gromlin a'r llinell syth yn cyffwrdd mewn un pwynt.

3 Geometreg gyfesurynnol

①   (a)   Graddiant $AB = \dfrac{y_2 - y_1}{x_2 - x_1} = \dfrac{1 - 0}{4 - 1} = \dfrac{1}{3}$

        Graddiant $CD = \dfrac{y_2 - y_1}{x_2 - x_1} = \dfrac{4 - 3}{2 - (-1)} = \dfrac{1}{3}$

        Gan fod graddiannau AB a CD yr un fath, mae'r ddwy linell yn baralel.

  (b)   Graddiant $AB = \dfrac{1}{3}$ ac mae AB yn mynd trwy'r pwynt $A(1, 0)$, ac felly hafaliad AB yw:

$y - y_1 = m(x - x_1)$

$y - 0 = \dfrac{1}{3}(x - 1)$

$3y = x - 1$

        Mae ad-drefnu'r hafaliad hwn fel y bydd yn y ffurf mae'r cwestiwn yn gofyn amdani yn rhoi:

$x - 3y - 1 = 0$

②   (a)   Graddiant $AB = \dfrac{y_2 - y_1}{x_2 - x_1} = \dfrac{-1 - 4}{k - (-7)} = \dfrac{-5}{k + 7}$

        Ond graddiant $AB = -\dfrac{1}{2}$, felly

$\dfrac{-5}{k + 7} = -\dfrac{1}{2}$

> Rydym ni'n lluosi'r hafaliad trwodd â'r enwadur cyffredin, $2(k + 7)$.

$-5 \times 2 = -1(k + 7)$

$-10 = -k - 7$

        Mae hyn yn rhoi $k = 3$.

  (b)   Lluoswm graddiannau llinellau perpendicwlar yw -1. Trwy hyn,

$m\left(-\dfrac{1}{2}\right) = -1$

        Trwy hyn, graddiant $BC = 2$.

Hafaliad BC yw:

$y - y_1 = m(x - x_1)$, lle mae $m = 2$ ac $(x_1, y_1) = (3, -1)$.

$y - (-1) = 2(x - 3)$

$y + 1 = 2x - 6$

$2x - y - 7 = 0$

③ (a) Graddiant $AB = \dfrac{y_2 - y_1}{x_2 - x_1} = \dfrac{6 - 2}{1 - (-3)} = \dfrac{4}{4} = 1$

Graddiant $BC = \dfrac{y_2 - y_1}{x_2 - x_1} = \dfrac{1 - 6}{6 - 1} = \dfrac{-5}{5} = -1$

Lluoswm y graddiannau $= (1)(-1) = -1$, sy'n profi bod y ddwy linell yn berpendicwlar i'w gilydd.

(b) $\sqrt{(x_2 - x_1)^2 + (y_2 - y_1)^2}$

Mae amnewid cyfesurynnau $A(-3, 2)$ a $B(1, 6)$ i mewn i'r fformiwla yn rhoi:

$AB = \sqrt{(1 - (-3))^2 + (6 - 2)^2} = \sqrt{16 + 16} = \sqrt{32}$ uned

Mae defnyddio cyfesurynnau $B(1, 6)$ ac $C(6, 1)$ yn y fformiwla yn rhoi:

$BC = \sqrt{(6 - 1)^2 + (1 - 6)^2} = \sqrt{25 + 25} = \sqrt{50}$ uned

(c) $\operatorname{Tan} A\hat{C}B = \dfrac{AB}{BC} = \dfrac{\sqrt{32}}{\sqrt{50}} = \dfrac{\sqrt{16 \times 2}}{\sqrt{25 \times 2}} = \dfrac{4\sqrt{2}}{5\sqrt{2}} = \dfrac{4}{5}$

Gwella gradd

Mae angen cofio'r fformiwla hon. Os byddwch chi'n ei hanghofio, gallwch chi blotio'r ddau bwynt ar graff braslun, llunio triongl a defnyddio theorem Pythagoras i ddarganfod hyd yr hypotenws.

Mae angen deunydd Craidd 1.1 yma i'n galluogi ni i symleiddio'r syrdiau.

4 Polynomialau a'r ehangiad binomaidd

① Gadewch i $f(x) = 4x^3 + 3x^2 - 3x + 1$.

$f(-1) = 4(-1)^3 + 3(-1)^2 - 3(-1) + 1 = 3$

Felly gweddill $= 3$.

② (a) Gadewch i $f(x) = x^3 + 6x^2 + ax + 6$.

$f(-2) = (-2)^3 + 6(-2)^2 + a(-2) + 6 = 22 - 2a$

Os yw $x + 2$ yn ffactor, $f(-2) = 0$.

Trwy hyn, $22 - 2a = 0$.

Felly $a = 11$.

(b) $(x + 2)(ax^2 + bx + c) = x^3 + 6x^2 + 11x + 6$

Mae hafalu cyfernodau x^3 yn rhoi $a = 1$.

Mae hafalu cyfernodau x^2 yn rhoi $b + 2a = 6$ a gan fod $a = 1$ mae hyn yn rhoi $b = 4$.

Mae hafalu'r cysonion yn rhoi $2c = 6$, felly $c = 3$.

$x^3 + 6x^2 + 11x + 6 = (x + 2)(x^2 + 4x + 3)$

Nawr $(x + 2)(x^2 + 4x + 3) = 0$.

Felly $(x + 2)(x + 1)(x + 3) = 0$.

Mae datrys yn rhoi $x = -2, -1$ neu -3.

③ (a) (i) $f(-2) = (-2)^3 - (-2)^2 - 4(-2) + 4 = -8 - 4 + 8 + 4 = 0$

(ii) Gan nad oes gweddill, mae $(x + 2)$ yn ffactor o $f(x) = x^3 - x^2 - 4x + 4$.

(b) $x^3 - x^2 - 4x + 4 = (x + 2)(ax^2 + bx + c)$

Mae hafalu cyfernodau x^3 yn rhoi $a = 1$.

Mae hafalu cyfernodau x^2 yn rhoi $-1 = b + 2a$, felly $-1 = b + 2$.

Trwy hyn, $b = -3$.

Mae hafalu'r cysonion yn rhoi $4 = 2c$, felly $c = 2$.

Mae amnewid y gwerthoedd hyn i mewn ar gyfer a, b ac c yn rhoi:

$x^3 - x^2 - 4x + 4 = (x + 2)(x^2 - 3x + 2)$

$= (x + 2)(x - 2)(x - 1)$

Nawr $f(x) = 0$, felly $(x + 2)(x - 2)(x - 1) = 0$.

Mae datrys yn rhoi $x = -2, 2$ neu 1.

④ Rydym ni'n cael y fformiwlâu o'r llyfryn fformiwlâu

$(a + b)^n = a^n + \binom{n}{1}a^{n-1}b + \binom{n}{2}a^{n-2}b^2 + ...$

$\binom{n}{r} = \dfrac{n!}{r!(n-r)!}$

Mae'r term yn x^2 yn cael ei roi gan:

$\binom{n}{2}a^{n-2}b^2$

Yma $a = 2$, $b = 3x$ ac $n = 5$.

Felly y term yn x^2 yw $\dfrac{5!}{2!(5-2)!}(2)^3(3x)^2 = 10 \times 8 \times 9x^2 = 720x^2$.

Trwy hyn, cyfernod x^2 yw 720.

> Byddem ni'n gallu darganfod gwerth $\binom{5}{2}$ gan ddefnyddio triongl Pascal trwy edrych ar hyd y rhes sy'n dechrau ag 1 ac yna 5. Mae'r trydydd rhif yn y rhes (h.y. 10) yn rhoi gwerth $\binom{5}{2}$.

⑤ O'r llyfryn fformiwlâu:

$(1 + x)^n = 1 + nx + \dfrac{n(n-1)}{2!}x^2 + \dfrac{n(n-1)(n-2)}{3!}x^3 + ...$

Yn yr achos hwn rydym ni'n amnewid $3x$ am x a 6 am n.

Trwy hyn, $(1 + 3x)^6 \approx 1 + (6)(3x) + \dfrac{(6)(5)}{2 \times 1}(3x)^2 + \dfrac{(6)(5)(4)}{3 \times 2 \times 1}(3x)^3$

$\approx 1 + 18x + 135x^2 + 540x^3$

Gwella gradd

Yma roedd y cwestiwn yn gofyn i chi symleiddio'r pedwar term cyntaf. Gwnewch yr hyn mae'r cwestiwn yn ei ofyn yn unig. Bydd cyfrifo rhagor o dermau yn gwastraffu eich amser.

5 Differu

① (a) $y = 4x^2 + 2x - 1$

Mae cynyddu x gan δx a chynyddu y gan δy yn rhoi:

$y + \delta y = 4(x + \delta x)^2 + 2(x + \delta x) - 1$

$y + \delta y = 4(x^2 + 2x\delta x + (\delta x)^2) + 2x + 2\delta x - 1$

$y + \delta y = 4x^2 + 8x\delta x + 4(\delta x)^2 + 2x + 2\delta x - 1$

Ond $y = 4x^2 + 2x - 1$.

Mae tynnu'r hafaliadau hyn yn rhoi:

$\delta y = 8x\delta x + 4(\delta x)^2 + 2\delta x$

Rydym ni'n rhannu'r ddwy ochr â δx

$\dfrac{\delta y}{\delta x} = 8x + 4\delta x + 2$

Rydym ni'n gadael i $\delta x \to 0$

$\dfrac{dy}{dx} = \underset{\delta x \to 0}{\text{terfan}}\ \dfrac{\delta y}{\delta x} = 8x + 2$

(b) $y = \dfrac{8}{x^2} + 5\sqrt{x} + 1$

Mae rhoi hyn ar ffurf indecs yn rhoi $y = 8x^{-2} + 5x^{\frac{1}{2}} + 1$.

Mae differu'n rhoi $\dfrac{dy}{dx} = -16x^{-3} + \dfrac{5}{2}x^{-\frac{1}{2}}$.

Gallwn ni ysgrifennu hyn fel $\dfrac{dy}{dx} = -\dfrac{16}{x^3} + \dfrac{5}{2\sqrt{x}}$.

Mae amnewid $x = 1$ yn rhoi $\dfrac{dy}{dx} = -\dfrac{16}{1^3} + \dfrac{5}{2\sqrt{1}} = -13.5$.

> Mae'n haws mynd yn ôl i gilyddion ac israddau fel y gallwn ni amnewid y rhifau i mewn i'r deilliad. Mae hyn yn ein galluogi i ddarganfod gwerth rhifiadol y graddiant.

Graddiant y gromlin pan fo $x = 1$ yw -13.5.

② (a) $y = 4\sqrt{x} + \dfrac{32}{x} - 3$

$y = 4x^{\frac{1}{2}} + 32x^{-1} - 3$

$\dfrac{dy}{dx} = 2x^{-\frac{1}{2}} - 32x^{-2}$

$\dfrac{dy}{dx} = \dfrac{2}{\sqrt{x}} - \dfrac{32}{x^2}$

Pan fo $x = 4$, $\dfrac{dy}{dx} = \dfrac{2}{\sqrt{4}} - \dfrac{32}{4^2} = 1 - 2 = -1$.

(b) Graddiant y tangiad yn $x = 4$ yw -1.

Nawr $m_1 m_2 = -1$.

Graddiant y normal $= m$, felly $m(-1) = -1$, a thrwy hyn, $m = 1$.

I ddarganfod cyfesuryn-y y pwynt ar y gromlin lle mae $x = 4$, rydym ni'n amnewid $x = 4$ i mewn i hafaliad y gromlin.

$$y = 4\sqrt{4} + \frac{32}{4} - 3 = 8 + 8 - 3 = 13$$

Mae hafaliad normal sydd â graddiant $m = 1$ ac sy'n mynd trwy'r pwynt $(4, 13)$ yn cael ei roi gan:

$$y - 13 = 1(x - 4)$$

Felly $y = x + 9$.

③ $y = \dfrac{2}{3}x^3 + \dfrac{1}{2}x^2 - 6x$

$\dfrac{dy}{dx} = 2x^2 + x - 6 = (2x - 3)(x + 2)$

Yn y pwyntiau arhosol, $\dfrac{dy}{dx} = 0$

$(2x - 3)(x + 2) = 0$

Mae datrys yn rhoi $x = \dfrac{3}{2}$ neu -2.

Mae amnewid $x = \dfrac{3}{2}$ i mewn i hafaliad y gromlin i ddarganfod y cyfesuryn-y yn rhoi:

$$y = \frac{2}{3}\left(\frac{3}{2}\right)^3 + \frac{1}{2}\left(\frac{3}{2}\right)^2 - 6\left(\frac{3}{2}\right) = \frac{9}{4} + \frac{9}{8} - 9 = -5\frac{5}{8}$$

Mae amnewid $x = -2$ i mewn i hafaliad y gromlin i ddarganfod y cyfesuryn-y yn rhoi:

$$y = \frac{2}{3}(-2)^3 + \frac{1}{2}(-2)^2 - 6(-2) = -\frac{16}{3} + 2 + 12 = 8\frac{2}{3}$$

Rydym ni'n darganfod y deilliad trefn dau

$$\frac{d^2y}{dx^2} = 4x + 1$$

Pan fo $x = \dfrac{3}{2}$, $\dfrac{d^2y}{dx^2} = 7$. Mae'r gwerth positif yn dangos bod $\left(\dfrac{3}{2}, -5\dfrac{5}{8}\right)$ yn bwynt minimwm.

Pan fo $x = -2$, $\dfrac{d^2y}{dx^2} = -7$. Mae'r gwerth negatif yn dangos bod $\left(-2, -8\dfrac{2}{3}\right)$ yn bwynt macsimwm.

④ $f(x) = \sqrt{x^3} + 2x + 5$

Mae ysgrifennu'r ffwythiant ar ffurf indecs yn rhoi:

$$f(x) = x^{\frac{3}{2}} + 2x + 5$$

Mae differu'r ffwythiant yn rhoi:

$$f'(x) = \frac{3}{2}x^{\frac{1}{2}} + 2$$

$$f'(x) = \frac{3}{2}\sqrt{x} + 2$$

> Dylech chi droi unrhyw indecsau negatif a ffracsiynol yn ôl yn gilyddion ac israddau, ac yn y blaen, cyn amnewid rhifau i mewn am x.

Pan fo $x = 4$, $f'(x) = \frac{3}{2}\sqrt{4} + 2 = 3 + 2 = 5$.

Mae hwn yn raddiant positif ac felly mae $f(x)$ yn ffwythiant cynyddol yn $x = 4$.

⑤ (a)

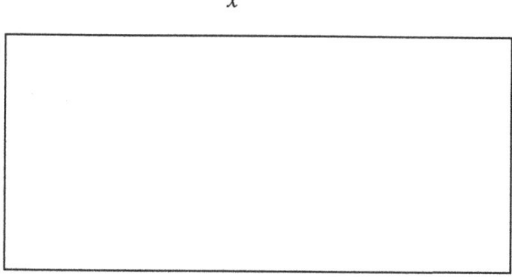

Os hyd $= x$, yna lled $= \frac{100 - 2x}{2} = 50 - x$.

Arwynebedd y gorlan, $A = x(50 - x) = 50x - x^2$.

Mae differu'r mynegiad ar gyfer yr arwynebedd hwn yn rhoi $\frac{\mathrm{d}A}{\mathrm{d}x} = 50 - 2x$.

Mae'r gwerth macsimwm yn digwydd pan fo $\frac{\mathrm{d}A}{\mathrm{d}x} = 0$.

Trwy hyn, $50 - 2x = 0$, felly $x = 25$ cm.

Felly hyd $= 25$ cm a lled $= 50 - x = 50 - 25 = 25$ cm.

Dim ond un gwerth x sydd ac felly rhaid mai hwn yw'r gwerth macsimwm.

Gallwn ni wirio mai'r gwerth macsimwm yw hwn trwy ddarganfod y deilliad trefn dau.

$\frac{\mathrm{d}^2 A}{\mathrm{d}x^2} = -2$ (Mae'r gwerth negatif yn profi bod yr unig werth ar gyfer x yn werth macsimwm.)

Felly, mae'r hyd a'r lled yr un fath yn 25 cm a bydd angen i'r gorlan fod yn sgwâr.

(b) Arwynebedd macsimwm $= x^2 = 25^2 = 625$ cm^2.

Craidd 2 Mathemateg Bur 2

1 Dilyniannau, cyfresi rhifyddol a chyfresi geometrig

① $a = 4$ a $d = 6$

$S_n = \frac{n}{2}\left[2a + (n-1)d\right]$

$S_n = \frac{n}{2}\left[2 \times 4 + (n-1)6\right]$

$$S_n = \frac{n}{2}[8 + 6n - 6]$$

$$S_n = \frac{n}{2}(6n + 2)$$

$$S_n = n(3n + 1)$$

② $$S_n = \frac{n}{2}\left[2a+(n-1)d\right]$$

$$S_7 = \frac{7}{2}\left[2a+(7-1)d\right]$$

$$182 = \frac{7}{2}[2a + 6d]$$

$$a + 3d = 26 \qquad\qquad (1)$$

$n$fed term $= a + (n - 1)d$

5ed term $= a + 4d$ a'r 7fed term $= a + 6d$

$$a + 4d + a + 6d = 80$$

$$2a + 10d = 80$$

Mae rhannu'r hafaliad hwn â 2 yn rhoi:

$$a + 5d = 40 \qquad\qquad (2)$$

Mae tynnu hafaliad (1) o hafaliad (2) yn rhoi:

$$2d = 14$$

$$d = 7$$

Mae amnewid $d = 7$ i mewn i hafaliad (1) yn rhoi:

$$26 = a + 21$$

$$a = 5$$

③ $$a + ar = 2.7 \qquad\qquad (1)$$

$$S_\infty = \frac{a}{1 - r}$$

$$3.6 = \frac{a}{1 - r}$$

$$a = 3.6(1 - r)$$

Mae amnewid hyn i mewn i hafaliad (1) yn rhoi:

$$3.6(1 - r) + 3.6(1 - r)\, r = 2.7$$

$$3.6 - 3.6r + 3.6r - 3.6r^2 = 2.7$$

$$3.6r^2 = 0.9$$

$$r^2 = \frac{1}{4}$$

$$r = \pm\frac{1}{2}$$

Gan fod yn rhaid i r fod yn bositif, $r = \dfrac{1}{2}$

$a = 3.6(1 - r)$

$a = 3.6\left(1 - \dfrac{1}{2}\right)$

$a = 1.8$

2 Logarithmau a'u defnyddio

① $\log_2 36 - 2\log_2 15 + \log_2 100$

$= \log_2 36 - \log_2 15^2 + \log_2 100$

$= \log_2 36 - \log_2 225 + \log_2 100$

$= \log_2\left(\dfrac{36 \times 100}{225}\right)$

$= \log_2 16$

② $\log_{27} x = \dfrac{2}{3}$

$x = 27^{\frac{2}{3}}$

$x = \sqrt[3]{27^2}$

$x = 3^2$

$x = 9$

> Rydym ni'n gallu sgwario a chyfrifo'r trydydd isradd yn y naill drefn neu'r llall. Fodd bynnag, mae'n haws cyfrifo'r trydydd isradd yn gyntaf ac yna sgwario.

③ $3^x = 2$

Rydym ni'n cymryd logiau'r ddwy ochr i'r bôn 10

$\log 3^x = \log 2$

$x \log 3 = \log 2$

$x = \dfrac{\log 2}{\log 3}$

$x = 0.63$ (2 le degol)

④ $\dfrac{1}{2}\log_a 36 - 2\log_a 6 + \log_a 4$

$= \log_a 36^{\frac{1}{2}} - \log_a 6^2 + \log_a 4$

$= \log_a 6 - \log_a 36 + \log_a 4$

$= \log_a\left(\dfrac{6 \times 4}{36}\right)$

$= \log_a\left(\dfrac{2}{3}\right)$

⑤ $\log_a(6x^2 + 5) - \log_a x = \log_a 17$

$$\log_a\left(\frac{6x^2+5}{x}\right) = \log_a 17$$

$$\frac{6x^2+5}{x} = 17$$

$$6x^2 + 5 = 17x$$

$$6x^2 - 17x + 5 = 0$$

$$(3x - 1)(2x - 5) = 0$$

Mae hyn yn rhoi $x = \dfrac{1}{3}$ neu $x = \dfrac{5}{2}$.

3 Geometreg gyfesurynnol y cylch

① (a) O gymharu'r hafaliad $x^2 + y^2 - 8x - 6y = 0$ â'r hafaliad

$x^2 + y^2 + 2gx + 2fy + c = 0$ gallwn ni weld bod $g = -4, f = -3$ ac $c = 0$.

Cyfesurynnau'r canol A yw $(-g, -f) = (4, 3)$

Radiws $= \sqrt{g^2 + f^2 - c} = \sqrt{(-4)^2 + (-3)^2 - 0} = \sqrt{25} = 5$

> Dewis arall fyddai defnyddio dull cwblhau'r sgwâr yma.

(b) Mae ad-drefnu hafaliad y llinell syth ar gyfer y yn rhoi:

$y = -2x - 4$

Mae amnewid y i mewn i hafaliad y cylch yn rhoi:

$x^2 + (-2x - 4)^2 - 8x - 6(-2x - 4) = 0$

$x^2 + 4x^2 + 16x + 16 - 8x + 12x + 24 = 0$

$5x^2 + 20x + 40 = 0$

$x^2 + 4x + 8 = 0$

Gwahanolyn $= b^2 - 4ac = 16 - 4 \times 1 \times 8 = 16 - 32 = -16$

Gan fod $b^2 - 4ac < 0$ does dim gwreiddiau real ac felly nid yw'r cylch a'r llinell yn croestorri.

② (a) O gymharu'r hafaliad $x^2 + y^2 - 4x + 6y - 3 = 0$ â'r hafaliad

$x^2 + y^2 + 2gx + 2fy + c = 0$ gallwn ni weld bod $g = -2, f = 3$ ac $c = -3$.

Cyfesurynnau'r canol A yw $(-g, -f) = (2, -3)$

Radiws $= \sqrt{g^2 + f^2 - c} = \sqrt{(-2)^2 + (3)^2 - (-3)} = \sqrt{16} = 4$

> Dewis arall fyddai defnyddio dull cwblhau'r sgwâr yma.

(b) Os yw'r pwynt $P(2, 1)$ ar y cylch bydd ei gyfesurynnau'n bodloni hafaliad y cylch.

$x^2 + y^2 - 4x + 6y - 3 = 0$

$x^2 + y^2 - 4x + 6y - 3 = (2)^2 + (1)^2 - 4(2) + 6(1) - 3 = 4 + 1 - 8 + 6 - 3 = 0$

Mae dwy ochr yr hafaliad yn hafal i sero ac felly mae $P(2, 1)$ ar y cylch.

③ (a) Hafaliad y cylch yw:

$$(x - a)^2 + (y - b)^2 = r^2$$
$$(x - 2)^2 + (y - 3)^2 = 25$$
$$x^2 - 4x + 4 + y^2 - 6y + 9 = 25$$
$$x^2 + y^2 - 4x - 6y - 12 = 0$$

(b) Graddiant y llinell sy'n cysylltu'r canol $A(2, 3)$ â $P(5, 7)$

$$= \frac{7 - 3}{5 - 2} = \frac{4}{3}$$

Graddiant y tangiad $= -\dfrac{3}{4}$.

Hafaliad y tangiad yw

$$y - 7 = -\frac{3}{4}(x - 5)$$
$$4y - 28 = -3x + 15$$
$$3x + 4y - 43 = 0$$

> Mae AP yn radiws y cylch a bydd yn gwneud ongl o 90° â'r tangiad yn y pwynt P.

4 Trigonometreg

① (a) Arwynebedd $= \dfrac{1}{2}bc\sin A = \dfrac{1}{2} \times 12 \times 8 \times \sin 150° = 24\ \text{cm}^2$

(b) Gan ddefnyddio rheol cos

$$a^2 = b^2 + c^2 - 2bc \cos A$$
$$= 12^2 + 8^2 - 2 \times 12 \times 8 \cos 150°$$
$$= 374.2769$$
$$a = 19.3462$$
$$a = 19.3\ \text{cm (i 1 lle degol)}$$

> Cofiwch beidio â thalgrynnu atebion i'r nifer gofynnol o leoedd degol nes yr ateb terfynol.

② (a) $(0, 0), (\pi, 0), (2\pi, 0), (3\pi, 0), (4\pi, 0)$

(b) $\left(\dfrac{\pi}{2}, 1\right), \left(\dfrac{3\pi}{2}, -1\right), \left(\dfrac{5\pi}{2}, 1\right), \left(\dfrac{7\pi}{2}, -1\right)$

③

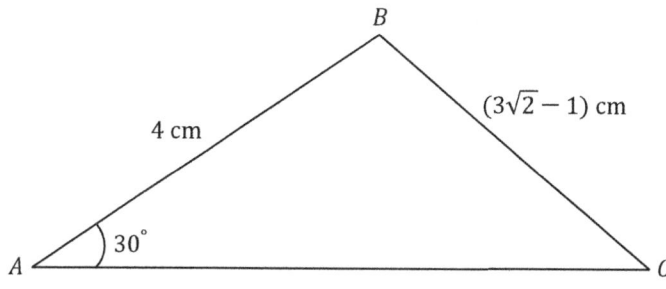

Gan ddefnyddio rheol sin

$$\frac{\sin C}{c} = \frac{\sin A}{a}$$

$$\frac{\sin A\hat{C}B}{4} = \frac{\sin 30°}{3\sqrt{2}-1}$$

$$\sin A\hat{C}B = \frac{4\sin 30°}{3\sqrt{2}-1}$$

$$\sin A\hat{C}B = \frac{2}{3\sqrt{2}-1} = \frac{2(3\sqrt{2}+1)}{(3\sqrt{2}-1)(3\sqrt{2}+1)}$$

$$\sin A\hat{C}B = \frac{6\sqrt{2}+2}{18-1} = \frac{2+6\sqrt{2}}{17}$$

> Nid yw'r cwestiwn yn rhoi diagram, felly lluniadwch eich diagram eich hun ac ychwanegwch y wybodaeth. Yna gallwch chi weld paru'r ochrau a'r onglau ac mae hynny'n dangos yr angen i ddefnyddio rheol sin.

> Rydym ni'n cael gwared â'r syrd o'r enwadur trwy luosi'r rhifiadur a'r enwadur â chyfiau'r enwadur (h.y.$(3\sqrt{2}+1)$).

④ $3\sin^2\theta = 5 - 5\cos\theta$

$3(1 - \cos^2\theta) = 5 - 5\cos\theta$

$3 - 3\cos^2\theta = 5 - 5\cos\theta$

$3\cos^2\theta - 5\cos\theta + 2 = 0$

$(\cos\theta - 1)(3\cos\theta - 2) = 0$

$\cos\theta = 1$ neu $\cos\theta = \dfrac{2}{3}$

$\theta = \cos^{-1}(1) = 0°, 360°$ neu $\theta = \cos^{-1}\left(\dfrac{2}{3}\right) = 48.2°, (360-48.2)°$

Trwy hyn, $\theta = 0°, 48.2°, 311.8°$ neu $360°$.

> Rydym ni'n defnyddio'r unfathiant trigonometrig $\cos^2\theta + \sin^2\theta = 1$ i greu hafaliad cwadratig mewn $\cos\theta$ ac yna gallwn ni ei ddatrys.

5 Integru

① $\displaystyle\int\left(4x^{\frac{1}{3}} - \frac{2}{\sqrt[3]{x}}\right)dx = \int\left(4x^{\frac{1}{3}} - 2x^{-\frac{1}{3}}\right)dx$

$$= \frac{4x^{\frac{4}{3}}}{\frac{4}{3}} - \frac{2x^{\frac{2}{3}}}{\frac{2}{3}} + c$$

$$= 3x^{\frac{4}{3}} - 3x^{\frac{2}{3}} + c$$

② $\displaystyle\int\left(\sqrt[3]{x} + \frac{1}{x^4}\right)dx = \int\left(x^{\frac{1}{3}} + x^{-4}\right)dx$

$$= \frac{x^{\frac{4}{3}}}{\frac{4}{3}} + \frac{x^{-3}}{-3} + c$$

$$= \frac{3}{4}x^{\frac{4}{3}} - \frac{x^{-3}}{3} + c$$

③ $\int\left(\dfrac{4}{x^3} - 6x^{\frac{1}{5}}\right)dx = \int\left(4x^{-3} - 6x^{\frac{1}{5}}\right)dx$

$$= \dfrac{4x^{-2}}{-2} - \dfrac{6x^{\frac{6}{5}}}{\frac{6}{5}} + c$$

$$= -2x^{-2} - 5x^{\frac{6}{5}} + c$$

④ $\int\left(\dfrac{2}{\sqrt{x}} - x^{\frac{3}{2}}\right)dx = \int\left(2x^{-\frac{1}{2}} - x^{\frac{3}{2}}\right)dx$

$$= \dfrac{2x^{\frac{1}{2}}}{\frac{1}{2}} - \dfrac{x^{\frac{5}{2}}}{\frac{5}{2}} + c$$

$$= 4x^{\frac{1}{2}} - \dfrac{2}{5}x^{\frac{5}{2}} + c$$

⑤ $\int_0^4\left(x^{-\frac{1}{2}} + 2x\right)dx = \left[2x^{\frac{1}{2}} + x^2\right]_0^4 = \left[2\sqrt{x} + x^2\right]_0^4 = \left[(4 + 16) - (0)\right] = 20$

⑥ $\int_a^b y\,dx \approx \dfrac{1}{2}h\left\{(y_0 + y_n) + 2(y_1 + y_2 + \ldots + y_{n-1})\right\}$

$\int_0^4 \dfrac{1}{1+\sqrt{x}}dx \approx \dfrac{1}{2}h\left\{(y_0 + y_n) + 2(y_1 + y_2 + \ldots + y_{n-1})\right\}$

$h = \dfrac{b-a}{n} = \dfrac{4-0}{4} = 1$

Pan fo

$x = 0, \; y_0 = \dfrac{1}{1+\sqrt{0}} = 1$

$x = 1, \; y_1 = \dfrac{1}{1+\sqrt{1}} = 0.5$

$x = 2, \; y_2 = \dfrac{1}{1+\sqrt{2}} = 0.41421$

$x = 3, \; y_3 = \dfrac{1}{1+\sqrt{3}} = 0.36603$

$x = 4, \; y_4 = \dfrac{1}{1+\sqrt{4}} = 0.33333$

$\int_0^4 \dfrac{1}{1+\sqrt{x}}dx \approx \dfrac{1}{2} \times 1\left\{(1 + 0.33333 + 2(0.5 + 0.41421 + 0.36603)\right\}$

$\approx 1.94691 \approx 1.947$ i 3 lle degol

Lightning Source UK Ltd.
Milton Keynes UK
UKOW06f1215201113

221461UK00001B/1/P